渤海山东海域海洋保护区
生物多样性图集

—— 第二册 ——

常见鸟类

王茂剑　马元庆　主编

BOHAI SHANDONG HAIYU HAIYANG BAOHUQU
SHENGWU DUOYANGXING TUJI

CHANGJIAN NIAOLEI

海洋出版社

2017年 · 北京

图书在版编目(CIP)数据

渤海山东海域海洋保护区生物多样性图集. 常见鸟类/
王茂剑, 马元庆主编. — 北京：海洋出版社, 2017.6
ISBN 978-7-5027-9710-2

Ⅰ. ①渤… Ⅱ. ①王… ②马… Ⅲ. ①渤海－自然保
护区－生物多样性－山东－图集②渤海－鸟类－生物多样
性－山东－图集 Ⅳ. ①Q16-64②Q959.708-64

中国版本图书馆CIP数据核字(2017)第027197号

责任编辑：杨传霞　赵　娟
责任印制：赵麟苏

海洋出版社 出版发行
http://www.oceanpress.com.cn
北京市海淀区大慧寺路 8 号　邮编：100081
北京朝阳印刷厂有限责任公司印刷　新华书店北京发行所经销
2017年6月第1版　2017年6月第1次印刷
开本：889mm × 1194mm　1／16　印张：11
字数：270千字　定价：98.00元
发行部：010-62132549　邮购部：010-68038093　总编室：010-62114335

前 言

渤海是我国的内海，通过渤海海峡与黄海相通。辽河、滦河、海河、黄河等众多河流的汇入，带来了丰富的营养物质，众多海洋生物在此栖息繁殖，生物多样性极为丰富。为保护众多珍稀濒危海洋生物和栖息环境，渤海海域建设了众多的海洋保护区，截至 2015 年年底，渤海山东海域内共有国家级海洋保护区 13 处，其中海洋自然保护区 1 处，海洋特别保护区 9 处，海洋公园 3 处，总面积约 23 万公顷，占全省海洋保护区总面积的 36%。海洋保护区的建设，既可以有效地防止对海洋的过度破坏，促进海洋资源的可持续利用，维护自然生态的动态平衡，保持物种的多样性和群体的天然基因库；也可以保护珍稀物种和濒危物种免遭灭绝，保存特殊、有价值的自然人文地理环境，为考证历史、评估现状、预测未来提供研究基地。

渤海山东海域海洋保护区众多，为系统、全面地了解各保护区海洋环境和保护物种现状，由山东省海洋环境监测中心牵头，滨州、东营、潍坊和烟台等市级海洋环境监测和预报中心配合，历时四年对渤海海域内山东省国家级海洋保护区生物多样性开展了本底调查，首次系统编写了保护区内常见的陆生植被、鸟类、海洋生物、底栖生物和游泳动物等生物多样性系列图集。本系列图集的出版，不仅为保护区能力建设和保护提供了基本资料，还可作为科研人员进行物种鉴定的参考工具书。

本系列图集共5册，其中常见鸟类图集为第二册。该图集共调查和拍摄了渤海山东海洋保护区内常见鸟类119种，隶属于1门1纲15目45科84属，其中国家重点保护野生动物名录一级保护野生动物3种，二级保护野生动物20种，山东省重点保护野生动物名录15种，国家保护的有益的或者有重要经济、科学研究价值的陆生野生动物名录88种。该图集图文并茂，重点介绍了渤海山东海域常见鸟类的分类学地位、主要识别特征、分布区域和保护等级，每个物种均以多张图片进行物种展示，丰富了该区域鸟类生物的多样性研究。

本图集的编写和出版得到山东省渤海海洋生态修复及能力建设项目、山东省科技发展计划(2014GSF117030)和山东省海洋生态修复重点实验室等项目的资助，在此表示衷心感谢。常见鸟类图集拍摄和物种校准得到莱州摄影家协会张金荣老师和山东省林业科学研究院房用研究员热心指导，谨致谢忱。

本图集编写过程中鸟类识别特征主要参考了《山东鸟类分布名录》《中国鸟类志》《中国鸟类分类与分布名录》《中国鸟类野外手册》《常见鸟类野外识别手册》和《中国鸟类图鉴》等专著，在此表示诚挚的感谢。

由于编者水平和时间条件的限制，本图集难免存在缺点和错误，诚恳的希望专家和读者给予批评指正。

编　者

2016年8月

目 录

潜鸟科 Gaviidae

本科为典型游禽。身体呈圆筒形，两性相似。嘴强直而侧扁，先端较尖。鼻孔呈窄的裂缝状，其上有革质膜，潜水时能关闭，以防止水进入。头较圆，颈长而粗。翅尖而窄，初级飞羽 11 枚，其中第一枚初级飞羽退化。尾短而硬，几乎全为尾覆羽所掩盖，尾羽 18 ~ 20 枚。全身羽毛厚而密，且较短硬，上体灰褐色，下体白色。脚位于体后部，跗蹠较长，裸露无羽，前面被以网状鳞；脚具 4 趾，前面 3 趾间具全蹼，后趾短小，位置略较前 3 趾为高。繁殖期一般在 5—8 月，每窝产卵 1 ~ 2 枚，偶尔多至 3 枚。雏鸟早成性。

潜鸟是典型的水栖鸟类，除繁殖期到陆上营巢产卵外，几乎从不登陆，多栖息在沿海、湖泊、江河等开阔水域。善游泳和潜水，游泳时能将身体完全沉于水中，仅露头在水面。起飞较困难，需要两翅在水面拍打，两脚在水面奔跑一定距离后才能飞离水面。因此它们都是通过潜水来逃避危险，一般不起飞，在陆地则根本不能飞起。飞行时颈向前伸直，两脚拖于尾后，快而呈直线，不能变换飞行速度。主要以鱼类为食。

全世界有 1 属 5 种，广泛分布于北半球寒带和温带水域。我国有 1 属 4 种，分布于东部和东南沿海一带。

渤海山东海域海洋保护区发现本科常见鸟类 1 属 1 种。

红喉潜鸟 *Gavia stellata*

中文种名： 红喉潜鸟
拉丁文名： *Gavia stellata*
分类地位： 脊索动物门 / 鸟纲 / 潜鸟目 / 潜鸟科 / 潜鸟属
识别特征： 大型水禽，体长 54 ~ 69 厘米。虹膜红色或栗色，嘴黑色或淡灰色，细而微向上翘。喉至前颈基部具栗红色三角形斑，腹白色，背黑褐色。冬羽脸、颏、颈侧白色，上体具白纵纹。脚绿黑色，跗蹠后面和趾上缀有白色或黄色。
分　　布： 繁殖于欧洲北部、亚洲北部，一直到北美北部等北极或亚北极地区。国内分布于辽东半岛、山东半岛、广东、福建、海南岛和台湾等沿海地区。
照片来源： 烟台

该鸟被列入《国家保护的有益的或者有重要经济、科学研究价值的陆生野生动物名录》。

䴙䴘科 Podicipedidae

本科为典型的小型至中型水禽，雌雄相同。体形似鸭，但嘴细直而尖，体肥胖而扁平，眼先裸露，颈较细长，翅短小，初级飞羽 12 枚，其中第一枚退化。尾甚短小，仅由少许绒羽构成，看起来似有似无，尾脂腺被羽。下体羽毛甚厚密，银白色，不透水。脚短，位于身体后部。跗蹠侧扁，4 趾均具宽阔的瓣状蹼，中趾爪的内缘呈锯齿状，后趾短小或缺失，且位置较高，爪宽扁而钝，呈指甲状。繁殖期为 5—8 月，每窝产卵 2 ~ 7 枚，卵为尖卵圆形或卵圆形。雏鸟早成性。

栖息于江河、湖泊、水塘和沼泽地带。善游泳和潜水，陆地行走困难，不善飞行。几乎终生都在水中生活，很少上到陆地生活。以鱼和水生昆虫为食。营巢于水边芦苇丛和水草丛中。巢多为浮巢，由芦苇和水草叶构成。

全世界有 5 属 21 种，分布于全球各地水域。我国有 2 属 5 种，分布于全国各地。

渤海山东海域海洋保护区发现本科常见鸟类 2 属 3 种。

黑颈䴙䴘 *Podiceps nigricollis*

中文种名： 黑颈䴙䴘

拉丁文名： *Podiceps nigricollis*

分类地位： 脊索动物门 / 鸟纲 / 䴙䴘目 / 䴙䴘科 / 䴙䴘属

识别特征： 中型水鸟，体长 25 ~ 34 厘米。虹膜红色，嘴细尖上翘、黑色，眼后饰羽金黄色。头、颈、上体黑色，下体白色，两胁红褐色，冬羽无饰羽，喉、颏灰白色，前颈、颈侧浅褐色，体侧白杂灰黑色。跗蹠外侧黑色，内侧灰绿色。

分　　布： 国外繁殖于欧亚大陆、北美和非洲。我国繁殖于新疆天山、内蒙古呼伦湖和额尔古纳河、东北三省、山东半岛，越冬在云南、四川、长江中下游、东南沿海和辽东半岛。

照片来源： 烟台

该鸟被列入《国家保护的有益的或者有重要经济、科学研究价值的陆生野生动物名录》和《山东省重点保护野生动物名录》。

凤头䴙䴘 *Podiceps cristatus*

中文种名： 凤头䴙䴘

拉丁文名： *Podiceps cristatus*

分类地位： 脊索动物门 / 鸟纲 / 䴙䴘目 / 䴙䴘科 / 䴙䴘属

识别特征： 中型游禽，体长 45 ~ 48 厘米。虹膜橙红色，嘴黑褐色（冬季红色），基部红色，尖端苍白色。头顶黑褐色、具明显羽冠，嘴颈修长，脸侧白色延伸过眼。上体灰褐色，颈背棕栗色，翅具白斑，下体白。冬羽无羽冠。跗蹠内侧黄绿色，外侧橄榄绿色。

分　　布： 分布于欧洲、亚洲、非洲和澳洲。国内繁殖于东北三省、内蒙古、青海、新疆和西藏等，越冬在云南、四川、安徽、长江以南以及辽东半岛、山东半岛、东部沿海和台湾。

照片来源： 烟台

该鸟被列入《国家保护的有益的或者有重要经济、科学研究价值的陆生野生动物名录》和《山东省重点保护野生动物名录》。

小䴙䴘 *Podiceps ruficollis*

中文种名： 小䴙䴘

拉丁文名： *Podiceps ruficollis*

分类地位： 脊索动物门 / 鸟纲 / 䴙䴘目 / 䴙䴘科 / 小䴙䴘属

识别特征： 小型游禽，体长 25 ～ 32 厘米，是䴙䴘中体型最小的一种。虹膜黄色，嘴黑色，尖端黄白色，嘴角黄绿色。颈侧栗红色，腹白色，余部多黑褐色；冬羽喉白色、颈侧浅黄褐色。跗蹠和趾石板灰色。

分　　布： 分布于欧亚大陆、非洲、印度、斯里兰卡、缅甸、日本等国家和我国各地。

照片来源： 烟台

该鸟被列入《国家保护的有益的或者有重要经济、科学研究价值的陆生野生动物名录》。

鸬鹚科 Phalacrocoracidae

中型至大型水鸟。体羽黑色。嘴狭长而尖，呈圆锥形，上嘴尖端向下弯曲呈钩状，两侧有沟槽，下嘴有小囊袋。鼻孔小，呈裂缝状，在成鸟时完全隐蔽。眼先和眼周裸露无羽。颈较长，体亦较细长。尾羽 12 ~ 14 枚，长而硬直，圆尾或楔尾。脚位于身体后部，跗蹠短粗，趾形扁，趾间有蹼相连。繁殖期因地而异，多在 4—6 月，每窝产卵 3 ~ 5 枚。

主要栖息于海岸、内陆湖泊和沼泽地带，多成群生活，集群营巢于悬岩岩石上、地上、灌丛中或树上，巢由树枝和枯草构成。食物主要为鱼类。捕食方式主要通过潜到水下面捕捉，然后带到水面吞食。休息时多站立于水边岩石上或树上，身体呈半垂直的站立姿势。游泳时身体下沉较深，颈垂直向上伸直。飞行时颈向前直伸，头微向上斜，两脚伸向后。

全世界有 3 属 32 种，除南、北极外，分布于世界各地水域。我国有 1 属 5 种，分布于全国各地水域。

渤海山东海域海洋保护区发现本科常见鸟类 1 属 1 种。

普通鸬鹚 *Phalacrocorax carbo*

中文种名： 普通鸬鹚

拉丁文名： *Phalacrocorax carbo*

分类地位： 脊索动物门 / 鸟纲 / 鹈形目 / 鸬鹚科 / 鸬鹚属

识别特征： 大型水鸟，体长 72 ~ 87 厘米。虹膜翠绿色，眼先橄榄绿色，眼周和喉侧裸露皮肤黄色。上嘴黑色，嘴缘和下嘴灰白色。通体黑色。头、颈、羽冠具紫绿色光泽，具白色丝状羽，喉囊黄绿色，脸颊、喉白色呈半环状。两胁具白色斑块。冬羽无丝状羽和白色斑块。脚黑色。

分　　布： 分布于欧洲、亚洲、非洲、澳洲和北美。我国繁殖于长江以北，越冬在长江以南包括海南岛和台湾。

照片来源： 烟台

该鸟被列入《国家保护的有益的或者有重要经济、科学研究价值的陆生野生动物名录》和《山东省重点保护野生动物名录》。

鹭科 Ardeidae

中型涉禽。体型细瘦，羽毛稀疏而柔软。嘴形长直而尖，侧扁，上嘴两侧有一狭沟。鼻孔椭圆形，位于近嘴基的侧沟中。眼先和眼周裸露无羽。颈细长，由 19 ~ 20 枚脊椎骨组成。翅较宽长，翅端呈圆形，初级飞羽 11 枚。尾较短小，尾羽 10 ~ 12 枚。脚细长，位于体之较后部。胫下部裸出。跗蹠前缘被盾状鳞或网状鳞。具 4 趾，较细长，均在同一平面上，趾间基部有蹼膜相连，中趾内侧具栉状突，可区别本科与其他科鸟类。繁殖期多在 4—7 月，每窝产卵 3 ~ 9 枚。多数是雌雄共同孵卵和育雏。

通常栖息于湖泊、河流、沼泽、池塘等水边浅水处，飞行时两翅鼓动缓慢，颈缩于肩背上，呈“S”形，脚远伸出于尾后，停立时颈亦多缩曲，呈驼背姿势。营巢于树上或芦苇丛中。多成群营巢。巢由树枝、芦苇或蒲草构成。以鱼类、两栖类、甲壳类、爬行类等动物性食物为食。觅食时，常常是长时间静静地站立在水边浅水处不动，等待食物的到来。野外特征明显，不难辨认。

全世界有 17 属 61 种，分布于世界各地。我国有 10 属 21 种，分布于全国各地。

渤海山东海域海洋保护区发现本科常见鸟类 3 属 5 种。

白鹭 *Egretta garzetta*

中文种名： 白鹭

拉丁文名： *Egretta garzetta*

分类地位： 脊索动物门 / 鸟纲 / 鹳形目 / 鹭科 / 白鹭属

识别特征： 中型涉禽，体长 52 ~ 68 厘米。虹膜黄色，嘴黑色，眼先裸出部分夏季粉红色，冬季黄绿色。嘴、颈和脚均甚长，通体白色。枕后两根饰羽，背、前颈具蓑羽。冬羽无饰羽。胫和跗蹠黑绿色，趾黄绿色，爪黑色。

分　　布： 分布于非洲、欧洲、亚洲及大洋洲。国内分布于长江以南各省，偶见于甘肃、山东和北京。

照片来源： 烟台、东营

该鸟被列入《国家保护的有益的或者有重要经济、科学研究价值的陆生野生动物名录》和《山东省重点保护野生动物名录》。

黄嘴白鹭 *Egretta eulophotes*

中文种名： 黄嘴白鹭

拉丁文名： *Egretta eulophotes*

分类地位： 脊索动物门 / 鸟纲 / 鹳形目 / 鹭科 / 白鹭属

识别特征： 中型涉禽，体长 46 ~ 65 厘米。虹膜黄色，嘴橙黄色，眼先蓝色，枕部具矛状和 2 枚特长冠羽。背、前胸具蓑羽。冬羽无饰羽，嘴暗褐色、基部黄色。夏季胫、跗蹠黑褐色，趾黄色；冬季胫、跗蹠和趾黄绿色，爪黑色。

分　　布： 繁殖于我国东北鸭绿江、大连及蛇岛、长岛等沿海岛屿，往南到山东青岛、江苏东海、浙江、福建、广东、香港和海南岛。越冬在我国西沙群岛、菲律宾、印度尼西亚和马来半岛。

照片来源： 烟台、东营

该鸟被列入《国家重点保护野生动物名录二级保护野生动物》。

大白鹭 *Egretta alba*

中文种名： 大白鹭

拉丁文名： *Egretta alba*

分类地位： 脊索动物门 / 鸟纲 / 鹳形目 / 鹭科 / 白鹭属

识别特征： 大型涉禽，亦是最大的一种鹭类，体长 82 ～ 100 厘米。虹膜黄色，嘴、眼先和眼周皮肤繁殖期为黑色，非繁殖期为黄色。颈、脚甚长，两性相似，全身洁白。繁殖期间肩背部着生有三列长而直，羽枝呈分散状的蓑羽，一直向后延伸到尾端。下体亦为白色，腹部羽毛沾有轻微黄色。冬羽全身亦为白色，但前颈下部和肩背部无长的蓑羽。胫裸出部肉红色，跗蹠和趾黑色。

分　　布： 分布于全球温带地区，国内几乎全国各地皆有分布。

照片来源： 烟台、潍坊、东营

该鸟被列入《国家保护的有益的或者有重要经济、科学研究价值的陆生野生动物名录》和《山东省重点保护野生动物名录》。

苍鹭 *Ardea cinerea*

中文种名： 苍鹭

拉丁文名： *Ardea cinerea*

分类地位： 脊索动物门 / 鸟纲 / 鹳形目 / 鹭科 / 鹭属

识别特征： 大型水边鸟类，体长 75 ～ 110 厘米。虹膜黄色，眼先裸露部分黄绿色，嘴黄绿色。两条长冠羽、过眼纹、块状胸斑、翼角黑色。上体灰黑色、下体白色，灰色颈侧具 2 ～ 3 纵列黑斑。跗蹠和趾黄褐色或深棕色，爪黑色。

分　　布： 分布于非洲、马达加斯加、欧亚大陆。国内几乎遍及全国各地。

照片来源： 烟台

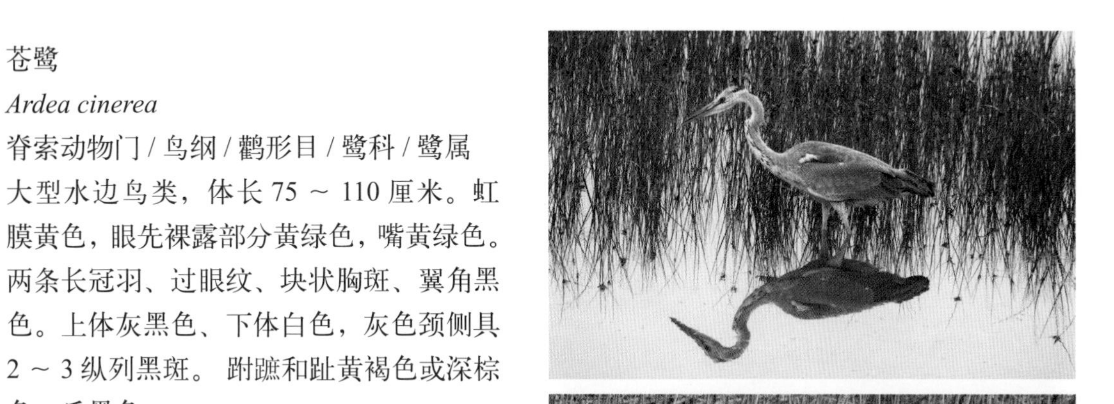

该鸟被列入《国家保护的有益的或者有重要经济、科学研究价值的陆生野生动物名录》和《山东省重点保护野生动物名录》。

绿鹭 *Butorides striatus*

中文种名： 绿鹭

拉丁文名： *Butorides striatus*

分类地位： 脊索动物门 / 鸟纲 / 鹳形目 / 鹭科 / 绿鹭属

识别特征： 中型涉禽，体长 38 ~ 48 厘米。虹膜黄色，嘴橄榄绿黑色，下嘴基部和边缘黄绿色。额、头顶、枕、羽冠和眼下纹绿黑色，羽冠从枕部延伸到后枕下部。后颈、颈侧及颊纹灰色，颏、喉白色。背及两肩披有窄长的青铜绿色的矛状羽，向后直达尾部。脚黄绿色。

分　　布： 广泛分布于全球温带，主要是亚洲、非洲、美洲和澳洲等热带和亚热带水域和湿地。我国主要分布于东北东南部、华东、华南、台湾和海南岛。

照片来源： 烟台

该鸟被列入《国家保护的有益的或者有重要经济、科学研究价值的陆生野生动物名录》和《山东省重点保护野生动物名录》。

鹳科 Ciconiidae

大型涉禽。雌雄相似。嘴、脚、颈均甚长。嘴基部甚厚，往尖端逐渐变细。鼻孔呈裂缝状。无鼻沟。翅长而宽，次级飞羽较初级飞羽为长。尾较短，尾羽10枚。胫下部裸出。跗蹠具网状鳞。前面3趾基部有蹼相连。繁殖期因地因种而异，多在4—7月，每窝产卵通常4～5枚。

生活在水域沼泽地带。营巢在树上、岩壁上和房屋顶上。食物为鱼、蛙、蜥蜴、软体动物和昆虫等动物性食物。

全世界有6属19种，分布于除新西兰和北美北部以外的世界热带、亚热带和温带地区。我国有3属5种，分布于全国各地。

渤海山东海域海洋保护区发现本科常见鸟类1属1种。

东方白鹳 *Ciconia boyciana*

中文种名： 东方白鹳

拉丁文名： *Ciconia boyciana*

分类地位： 脊索动物门 / 鸟纲 / 鹳形目 / 鹳科 / 鹳属

识别特征： 大型涉禽，体长 110 ~ 128 厘米。虹膜粉红色，外圈黑色，眼周裸露皮肤、眼先和喉朱红色。嘴黑色，长而粗壮，嘴基较厚，往尖端逐渐变细。站立时尾部黑色，飞行时黑色飞羽与白色体羽对比明显。脚红色。幼鸟和成鸟相似，但飞羽羽色较淡，呈褐色，金属光泽亦较弱。

分　　布： 国外繁殖于俄罗斯远东西伯利亚东南部。我国繁殖于黑龙江、吉林等地；越冬在江西鄱阳湖，湖南洞庭湖，湖北沉湖、洪湖、长湖，安徽升金湖，江苏沿海湿地，迁徙时山东滨海湿地可见。

照片来源： 烟台、东营

该鸟被列入《国家保护的有益的或者有重要经济、科学研究价值的陆生野生动物名录》。

鹮科 Threskiornithidae

本科鸟类为中型涉禽。头全部或部分裸出。嘴细长而钝，向下弯曲，尖端呈匙状或圆锥状。嘴峰两侧有长形鼻沟，鼻孔位于基部。脸裸露，有的喉亦裸出。尾羽 12 枚。脚较短，胫下部裸出；跗蹠具网状鳞；趾较长，前 3 趾基部有蹼相连，4 趾同在一水平面上。本科鸟类除嘴较细长而向下弯曲、脚较短外，飞翔时颈向前伸直，明显有别于鹭科和鹳科鸟类。繁殖期因地因种而异，一般多在 5—7 月，或 3 月前后（春季），每窝产卵通常在 3 ~ 5 枚。

主要栖息于热带和温带地区的湖边、河岸、水田和沼泽地带。营巢于高大树上，以鱼、蛙、虾、甲壳类和软体动物为食。

全世界共 31 种，分布于全球热带、亚热带和温带地区之淡水水域。我国计有 6 种，分布于全国各地。

渤海山东海域海洋保护区发现本科常见鸟类 1 属 1 种。

黑脸琵鹭 *Platalea minor*

中文种名： 黑脸琵鹭

拉丁文名： *Platalea minor*

分类地位： 脊索动物门 / 鸟纲 / 鹳形目 / 鹮科 / 琵鹭属

识别特征： 中型涉禽，体长 60 ~ 78 厘米。虹膜深红色或血红色，嘴黑色。通体白色，嘴基、额、脸、眼先、眼周。往下一直到喉全裸露无羽，黑色。嘴长而直，上下扁平，先端扩大呈匙状，黑色，且和头前部黑色连为一体。繁殖期间头后枕部有长而呈发丝状的金黄色冠羽，前颈下面和上胸有一条宽的黄色颈环；非繁殖期冠羽较短，不为黄色，前颈下部亦无黄色颈环。脚黑色。

分　　布： 繁殖于朝鲜。越冬在我国湖南、贵州、广东、香港、福建、台湾、澎湖列岛和海南岛，少数到韩国、日本、越南、泰国和菲律宾越冬。迁徙期间经过我国辽宁、北京、河北、山东等地。

照片来源： 烟台

该鸟被列入《国家重点保护野生动物名录二级保护野生动物》。

鸭科 Anatidae

本科鸟类为典型游禽。体形似鸭，大的如天鹅，体重近 10 千克，翅长达 600 毫米；最小的如棉凫，体重仅 300 克左右，翅长约 150 毫米。系中大型水鸟。头较大，有的头上具冠羽。嘴多上下扁平，少数种类侧扁；尖端具角质嘴甲，有的嘴甲向下弯曲呈钩状；嘴的两侧边缘具角质栉状凸或锯齿状细齿；嘴基有时着生疣状凸起。舌大多肉质。颈较细长。眼先裸露或被羽。翅狭长而尖，适于长途快速飞行。初级飞羽 10 ～ 11 枚。翅上多具有白色或其他色彩，且富有金属光泽的翼镜。体较肥胖，体羽光滑稠密，富有绒羽。尾多较短，少数尾较长。脚短健，位于体躯后部。跗蹠被网状鳞或盾状鳞。前趾间具蹼或半蹼；后趾短小，着生位置较前趾为高，行走时不着地。爪钝而短。尾脂腺发达；雌雄同色或异色，雌雄异色时雄鸟体型较雌鸟为大，羽色亦较艳丽，且常具金属光泽。雄性具交接器。繁殖期多在 3—8 月间。1 年繁殖 1 次。每窝产卵 2 ～ 14 枚。多为雌鸟孵卵，孵化期 20 ～ 43 天。雏鸟早成性。

栖息于各类不同水域中。多善游泳，有的亦善潜水。常成群活动。食物多为杂食性。繁殖期主要以水生昆虫、贝类、甲壳类、软体动物、 鱼类等动物性食物为食，非繁殖期则多以水生植物、水藻等植物性食物为食。营巢于沼泽、水边灌丛、芦苇和水草丛中，也有在水边岸穴、地上、地洞、树上或树洞中营巢的。

全世界有 43 属 155 种，广泛分布于除南极大陆外的世界各地水域。我国有 20 属 51 种，分布于全国各地水域。

渤海山东海域海洋保护区发现本科常见鸟类 8 属 12 种。

斑嘴鸭 *Anas poecilorhyncha*

中文种名：斑嘴鸭

拉丁文名：*Anas poecilorhyncha*

分类地位：脊索动物门 / 鸟纲 / 雁形目 / 鸭科 / 鸭属

识别特征：大型鸭类，体长 50~64 厘米。虹膜黑褐色，外围橙黄色；嘴黑色、黄色嘴甲明显。淡黄白色颈、喉、眼前部与深色体后部反差明显。飞行时，白色三级飞羽也很醒目。跗蹠和趾橙黄色，爪黑色。

分　　布：国外分布于西伯利亚东南部、蒙古东部、萨哈林岛、朝鲜、日本、中南半岛、缅甸、印度等。国内分布于东北、内蒙古、山东、华北、西北地区，越冬在长江以南、西藏南部和台湾。

照片来源：烟台

该鸟被列入《国家保护的有益的或者有重要经济、科学研究价值的陆生野生动物名录》。

绿头鸭 *Anas platyrhynchos*

中文种名： 绿头鸭

拉丁文名： *Anas platyrhynchos*

分类地位： 脊索动物门 / 鸟纲 / 雁形目 / 鸭科 / 鸭属

识别特征： 大型鸭类，体长 47 ～ 62 厘米。虹膜棕褐色，雄鸟嘴黄绿色或橄榄绿色，嘴甲黑色，跗蹠红色；雌鸟嘴黑褐色，嘴端暗棕黄色。头颈灰绿色，具明显白色领环。上体黑褐色，胸栗色，翅、腰、腹灰白色，紫蓝色翼镜具白色缘。雌鸟体羽多褐色。跗蹠橙黄色。

分　　布： 分布于欧洲、亚洲和美洲北部温带水域。国内繁殖于东北、西北、内蒙古和西藏等地，越冬于中部和东南部广大地区，部分在东北和华北地区越冬。

照片来源： 烟台

该鸟被列入《国家保护的有益的或者有重要经济、科学研究价值的陆生野生动物名录》。

绿翅鸭 *Anas crecca*

中文种名：绿翅鸭

拉丁文名：*Anas crecca*

分类地位：脊索动物门 / 鸟纲 / 雁形目 / 鸭科 / 鸭属

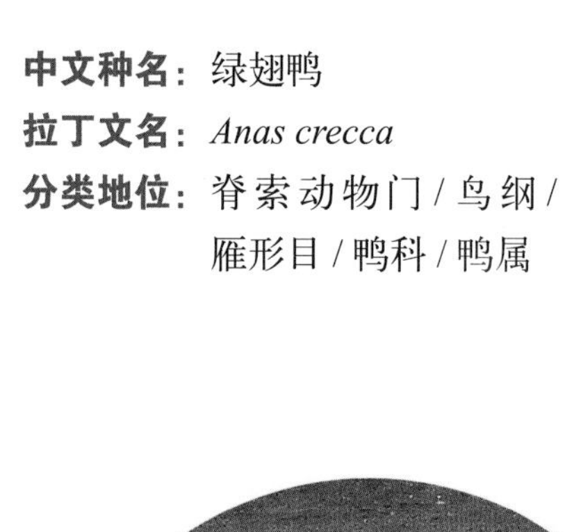

识别特征：小型鸭类，体长 37 厘米。虹膜淡褐色，嘴黑色。头颈深栗色，从眼延伸至颈侧宽阔绿带斑边缘有浅白色细纹。肩有一条白色细纹，深色背、胁部有黑白相间细斑，下体棕白色、胸部满布黑色圆点。尾下具醒目三角形黄斑。跗蹠棕褐色，脚黑色。

分　　布：广泛分布于美洲、欧洲、亚洲和非洲等地。国内遍及全国各地，主要繁殖于新疆天山、东北北部和中部；越冬在长江流域及东南沿海。

照片来源：烟台

该鸟被列入《国家保护的有益的或者有重要经济、科学研究价值的陆生野生动物名录》。

斑背潜鸭 *Aythya marila*

中文种名： 斑背潜鸭

拉丁文名： *Aythya marila*

分类地位： 脊索动物门 / 鸟纲 / 雁形目 / 鸭科 / 潜鸭属

识别特征： 中型潜鸭，体长 42 ～ 49 厘米。虹膜亮黄色，嘴灰蓝色，头颈黑色具光泽。背白色具黑褐色鳞状斑纹，胸、尾黑色，腹、胁和翼镜白色。雌鸟褐色，两胁浅褐色，嘴基具宽带状白斑。跗蹠和趾铅蓝色，爪黑色。

分　　布： 繁殖于亚洲和欧洲极北部、冰岛和北美西北部，越冬在日本、印度、地中海和黑海沿岸等地。国内分布于长江以南、东南沿海和台湾，迁徙期间经过吉林、辽宁、山东等地。

照片来源： 烟台

该鸟被列入《国家保护的有益的或者有重要经济、科学研究价值的陆生野生动物名录》。

中华秋沙鸭 *Mergus squamatus*

中文种名： 中华秋沙鸭

拉丁文名： *Mergus squamatus*

分类地位： 脊索动物门 / 鸟纲 / 雁形目 / 鸭科 / 秋沙鸭属

识别特征： 大型秋沙鸭，体长 49 ~ 64 厘米，体重 1 千克左右。虹膜褐色，嘴暗红，头颈、双冠状长冠羽黑色。上背黑色，下体和下背、腰、体侧白色，羽端具黑色同心圆斑在体侧形成鳞状斑。雌鸟头颈棕褐色，后颈、上体灰褐色，胸与两肋鳞状斑纹明显。跗蹠橙红色。

分　　布： 繁殖于俄罗斯远东，冬季仅偶见于朝鲜、日本和越南等地。我国繁殖于长白山、小兴安岭和大兴安岭地区，越冬在贵州、四川、安徽、广东、福建、山东和长江流域，迁徙途中有时出现在山东。

照片来源： 烟台

该鸟被列入《国家重点保护野生动物名录一级保护野生动物》。

大天鹅 *Cygnus cygnus*

中文种名：大天鹅

拉丁文名：*Cygnus cygnus*

分类地位：脊索动物门 / 鸟纲 / 雁形目 / 鸭科 / 天鹅属

识别特征：大型游禽，体长 120 ~ 160 厘米。虹膜暗褐色，嘴端黑色，基部黄色斑超过鼻孔且外侧呈尖形。游泳时翅紧贴身体而颈垂直向上，头平伸。幼体灰褐色，下体、尾、飞羽色淡。跗蹠、蹼、爪黑色。

分　　布：国外繁殖于冰岛和欧亚大陆北部，越冬在欧洲西北部、地中海、黑海和里海沿岸地区以及印度北部、朝鲜、日本。我国主要繁殖于新疆、内蒙古和东北，越冬在山东沿海、黄河和长江中下游以及东南沿海和台湾。

照片来源：烟台

该鸟被列入《国家重点保护野生动物名录二级保护野生动物》。

疣鼻天鹅 *Cygnus olor*

中文种名： 疣鼻天鹅

拉丁文名： *Cygnus olor*

分类地位： 脊索动物门 / 鸟纲 / 雁形目 / 鸭科 / 天鹅属

识别特征： 大型游禽。体长 130 ～ 155crn。虹膜棕褐色，眼先裸露，黑色，嘴基、嘴缘亦为黑色，其余嘴呈红色，前端稍淡，近肉桂色，嘴甲褐色，前额有突出的黑色疣状物，雌鸟不明显。游泳时翅隆起而颈弯曲。跗蹠、爪、蹼黑色。

分　　布： 国外繁殖于瑞典、丹麦、德国、波兰、俄罗斯、蒙古等地。国内主要繁殖于新疆中部、北部、青海柴达木盆地、甘肃西北部和内蒙古。越冬在长江中下游、东南沿海和台湾。

照片来源： 烟台

该鸟被列入《国家重点保护野生动物名录二级保护野生动物》。

豆雁 *Anser fabalis*

中文种名： 豆雁

拉丁文名： *Anser fabalis*

分类地位： 脊索动物门 / 鸟纲 / 雁形目 / 鸭科 / 雁属

识别特征： 大型雁类，体长 69 ~ 80 厘米。虹膜褐色，嘴黑褐色具橘黄色斑。上体灰褐色或棕褐色，羽缘淡黄白色，下体污白色、尾下覆羽白色，尾黑色具白色端斑。脚橙黄色，爪黑色。

分　　布： 繁殖于欧洲北部、西伯利亚、冰岛和格陵兰岛东部。越冬在西欧、伊朗、朝鲜、日本和我国长江中下游和东南沿海。迁徙时经过我国东北、华北、甘肃、青海、新疆等地。

照片来源： 烟台

该鸟被列入《国家保护的有益的或者有重要经济、科学研究价值的陆生野生动物名录》。

鸿雁 *Anser cygnoides*

中文种名： 鸿雁

拉丁文名： *Anser cygnoides*

分类地位： 脊索动物门 / 鸟纲 / 雁形目 / 鸭科 / 雁属

识别特征： 大型水禽，体长 90 厘米左右。虹膜红褐色或金黄色，嘴黑色、长且与额呈一直线，基部有一白线。头顶及颈背棕褐色，前颈近白色，对比界限分明。体灰褐色、羽缘皮黄色。幼鸟上体灰褐色，上嘴基部无白纹。

分　　布： 国外繁殖于西伯利亚南部、中亚，越冬在朝鲜半岛和日本。我国主要繁殖于黑龙江、吉林和内蒙古；越冬在长江中下游和山东、江苏、福建、广东等沿海地区。

照片来源： 烟台

该鸟被列入《国家保护的有益的或者有重要经济、科学研究价值的陆生野生动物名录》。

红胸黑雁 *Branta ruficollis*

中文种名： 红胸黑雁

拉丁文名： *Branta ruficollis*

分类地位： 脊索动物门 / 鸟纲 / 雁形目 / 鸭科 / 黑雁属

识别特征： 小型雁类，体长为 53 ～ 56 厘米，是雁类中体色最艳丽的一种。虹膜暗栗褐色，嘴黑褐色。头黑色，眼前有一椭圆形白斑，眼后有一栗红色颊斑，外围以白边。胸亦为栗红色，其外亦围有窄的白边沿颈侧向上与颊部白边相连。翅和整个上体黑色。腹黑色，两胁白色。下腹以及尾上和尾下覆羽亦为白色。跗蹠、脚和爪黑褐色。

分　　布： 繁殖于欧亚大陆北部的北极冻原地带，越冬在黑海西部、里海南部、咸海、波罗的海和波斯湾等地。在中国仅属于偶尔来越冬的迷鸟。

照片来源： 烟台

该鸟被列入《国家重点保护野生动物名录二级保护野生动物》。

鸳鸯 *Aix galericulata*

中文种名： 鸳鸯

拉丁文名： *Aix galericulata*

分类地位： 脊索动物门 / 鸟纲 / 雁行目 / 鸭科 / 鸳鸯属

识别特征： 中型鸭类，体长 38 ~ 45 厘米。雌雄异色，雄鸟嘴红色，脚橙黄色，羽色鲜艳而华丽，头具艳丽的冠羽，眼后有宽阔的白色眉纹，翅上有一对栗黄色扇状直立羽，像帆一样立于后背。雌鸟嘴黑色，脚橙黄色，头和整个上体灰褐色，眼周白色，其后连一细的白色眉纹。

分　　布： 国外繁殖于俄罗斯远东和萨哈林岛，往东到朝鲜和日本，越冬在朝鲜、日本。国内繁殖于长白山和大小兴安岭地区，越冬在我国南方大部分地区。

照片来源： 滨州

该鸟被列入《国家重点保护野生动物名录二级保护野生动物》。

鹊鸭 *Bucephala clangula*

中文种名： 鹊鸭

拉丁文名： *Bucephala clangula*

分类地位： 脊索动物门 / 鸟纲 / 雁形目 / 鸭科 / 鹊鸭属

识别特征： 中型鸭类，体长 32 ～ 69 厘米，体重 0.5 ～ 1 千克。虹膜金黄色，雌鸟较淡。雄鸟嘴黑色，雌鸟角褐色，嘴端橙色，嘴甲黑色。头大高耸、黑色，颊具白色大圆斑。上体黑色、下体白色，飞行时翅上大型白斑明显。雌鸟头颈褐色、颈基有白环，上体羽缘白色，胸胁灰色。雄鸟跗蹠黄色，蹼黑色，爪黑褐色，雌鸟跗蹠黄褐色，蹼暗黑色，爪橙褐色。

分　　布： 国外繁殖于北美北部、西伯利亚、欧洲中部和北部。我国繁殖于东北大兴安岭地区，越冬在华北沿海、东南沿海和长江中下游，东至福建和广东，西至西藏。

照片来源： 烟台

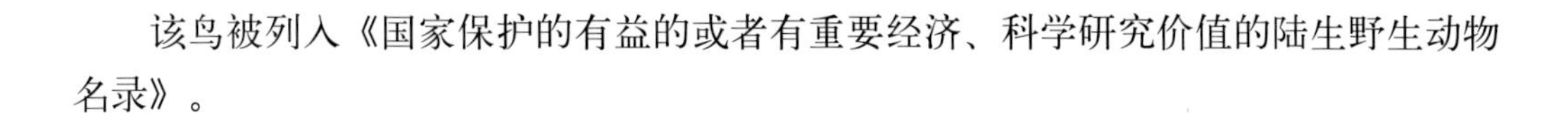

该鸟被列入《国家保护的有益的或者有重要经济、科学研究价值的陆生野生动物名录》。

鹰科 Accipitridae

小型至大型猛禽。嘴短而强健，尖端钩曲，上嘴左右两侧具弧状垂突。嘴基被蜡膜，鼻孔位于其上。裸露或被须状羽，翅较阔而强。尾羽多为 12 枚，少数 14 枚。脚、趾强壮而粗大，趾端具锐利而钩曲的爪。体羽通常为灰褐色或暗褐色。繁殖期多在 4—7 月，通常每窝产卵 1 ~ 5 枚，其中大型猛禽多为 1 ~ 2 枚，小型猛禽多为 3 ~ 5 枚。

栖息于山区悬崖峭壁、森林、荒漠、田野、 草原、江河、湖泊、沼泽等各类生境。多白天活动，视觉敏锐，在高空即能窥视地面猎物的活动，并伺机捕猎。善飞行，能很好地利用上升的热气流长时间地在空中翱翔盘旋或突然俯冲而下，休息时多站于高树顶端或悬崖崖顶等高处。以啮齿动物、野兔、鸟类、动物尸体等动物性食物为食，系食肉性鸟类。营巢于悬岩峭壁、树上或地面草丛中。

全世界有 60 属 218 种，分布于世界各地。我国有 21 属 48 种，遍布于全国各地。

渤海山东海域海洋保护区发现本科常见鸟类 6 属 6 种。

白尾海雕 *Haliaeetus albicilla*

中文种名：白尾海雕

拉丁文名：*Haliaeetus albicilla*

分类地位：脊索动物门 / 鸟纲 / 隼形目 / 鹰科 / 海雕属

识别特征：大型猛禽，体长 84 ~ 91 厘米。虹膜黄色，嘴和蜡膜为黄色。头、颈淡黄褐色或沙褐色，具暗褐色羽轴纹，前额基部尤浅；肩部羽色亦稍浅淡，多为土褐色，并杂有暗色斑点；后颈羽毛较长，为披针形；背以下上体暗褐色，腰及尾上覆羽暗棕褐色，具暗褐色羽轴纹和斑纹。下体颏、喉淡黄褐色，胸部羽毛呈披针形，淡褐色，具暗褐色羽轴纹和淡色羽缘；其余下体褐色，尾下覆羽淡棕色，具褐色斑；翅下覆羽与腋羽暗褐色。幼鸟嘴黑色，尾和体羽褐色。

分　　布：国外繁殖于欧亚大陆北部和格陵兰岛，越冬在朝鲜、日本、印度、地中海和非洲西北部。我国繁殖于内蒙古东北部海拉尔和黑龙江省，迁徙或越冬在吉林、辽宁、河北、山东、青海、甘肃、长江以南沿海地区、香港和台湾。

照片来源：烟台

该鸟被列入《国家重点保护野生动物名录一级保护野生动物》。

苍鹰 *Accipiter gentilis*

中文种名： 苍鹰

拉丁文名： *Accipiter gentilis*

分类地位： 脊索动物门 / 鸟纲 / 隼形目 / 鹰科 / 鹰属

识别特征： 中型猛禽，体长 46 ~ 60 厘米。虹膜金黄色，嘴黑色，嘴基铅蓝灰色、蜡膜黄绿色。眉纹宽而白、羽干纹黑色。上体苍灰色，下体白色，颏喉具黑褐色细纵纹，胸腹满布灰褐色横斑。尾灰褐色、具 4 道宽黑褐色横带、羽缘灰白色。幼鸟上体褐色，下体棕黄色具黑褐色羽干纹，腋部具黑褐色矢状斑。脚和趾黄色或黄绿色，爪黑色，跗蹠前面被大型盾状鳞，爪黑褐色。

分　　布： 繁殖于北美和欧亚大陆，往南到北非、伊朗和印度西南部，越冬在印度、缅甸、泰国和印度尼西亚。我国全国各地均有分布。

照片来源： 烟台

该鸟被列入《国家重点保护野生动物二类保护动物名录》。

凤头蜂鹰 *Pernis ptilorhynchus*

中文种名： 凤头蜂鹰

拉丁文名： *Pernis ptilorhynchus*

分类地位： 脊索动物门 / 鸟纲 / 隼形目 / 鹰科 / 蜂鹰属

识别特征： 中型猛禽，体长 50 ～ 66 厘米。头侧具短而硬的鳞片状羽，且较厚密，头后枕部通常具有短的羽冠。上体通常为黑褐色，头侧灰色，喉白色，具黑色中央纹，其余下体具淡红褐色和白色相间排列的 横带和粗著的黑色中央纹。初级飞羽暗灰色，尖端黑色，翼下飞羽白色或灰色，具黑色横带，尾灰色或白色，具黑色端斑，基部 有两条黑色横带。

分　　布： 国外繁殖于西伯利亚南部至萨哈林岛、日本和朝鲜，越冬在菲律宾、马来半岛和印度尼西亚。我国繁殖于东北、四川、云南，迁徙期间见于河北、内蒙古、新疆、江苏、山东和台湾。

照片来源： 烟台

该鸟被列入《国家重点保护野生动物名录二级保护野生动物》。

雀鹰 *Accipiter nisus*

中文种名： 雀鹰

拉丁文名： *Accipiter nisus*

分类地位： 脊索动物门 / 鸟纲 / 隼形目 / 鹰科 / 鹰属

识别特征： 小型猛禽，体长 30~41 厘米。虹膜橙黄色，嘴暗铅灰色、尖端黑色、基部黄绿色，蜡膜黄色或黄绿色。眉纹白色，头后灰色杂有白色。上体暗灰褐色，下体白色具细密红褐色横斑，翅阔而圆，翼下具黑褐色横斑。尾长、灰褐色，具白端斑和宽黑色次端斑及 4 或 5 道黑褐色横斑。雌鸟灰褐色，下体灰白色具褐色斑。脚和趾橙黄色，爪黑色。

分　　布： 分布于欧亚大陆，往南到非洲西北部，往东到伊朗、印度、中国及日本。越冬在地中海、阿拉伯、印度、缅甸、泰国及东南亚国家。

照片来源： 烟台

该鸟被列入《国家重点保护野生动物名录二级保护野生动物》。

普通鵟 *Buteo buteo*

中文种名： 普通鵟

拉丁文名： *Buteo buteo*

分类地位： 脊索动物门 / 鸟纲 / 隼形目 / 鹰科 / 鵟属

识别特征： 中型猛禽，体长 50~59 厘米。体色变化较大，有淡色型、棕色型和暗色型 3 种色型。上体主要为暗褐色，下体主要为暗褐色或淡褐色，具深棕色横斑或纵纹，尾淡灰褐色，具多道暗色横斑。飞翔时两翼宽阔，初级飞羽基部有明显的白斑，翼下白色，仅翼尖、翼角和飞羽外缘黑色（淡色型）或全为黑褐色（暗色型），尾散开呈扇形。翱翔时两翅微向上举呈浅“V”字形。

分　　布： 分布于欧亚大陆，往东到远东、朝鲜和日本，越冬在繁殖地南部，最南可到南非和马来半岛。国内繁殖于东北的呼伦贝尔盟、小兴安岭和长白山地区，越冬在长江以南大部分地区，迁徙期间经过辽东半岛、河北、山东、河南、新疆、甘肃等地。

照片来源： 烟台

该鸟被列入《国家重点保护野生动物名录二级保护野生动物》。

灰脸鵟鹰 *Butastur indicus*

中文种名： 灰脸鵟鹰

拉丁文名： *Butastur indicus*

分类地位： 脊索动物门 / 鸟纲 / 隼形目 / 鹰科 / 鵟鹰属

识别特征： 中型猛禽，体长 39 ~ 46 厘米。嘴黑，嘴基橙黄色。眼先白，颊灰，额白，颏、喉白色，具较宽的暗褐髭纹和喉纹。上体暗褐沾棕。头部最暗，后颈白色，羽基常显露。翼上覆羽大都棕褐。尾上覆羽白而具暗褐色横斑。尾羽暗灰褐，具黑褐色宽阔横斑。上胸栗褐，下胸、腹、两胁白色，具栗褐色横斑。脚黄色。

分　　布： 国外见于亚洲东北部、日本和菲律宾群岛。我国分布于北京、河北、辽宁、吉林、黑龙江、上海、浙江、福建、江西、山东、广东、台湾等地。

照片来源： 烟台

该鸟被列入《国家重点保护野生动物名录二级保护野生动物》。

隼科 Falconidae

隼科多为小型猛禽。嘴短而强壮，尖端钩曲，上嘴两侧具单个齿突。鼻孔圆形，中间有柱状物。翅长而尖，多数外侧初级飞羽内翈有缺刻。尾较长，多为圆尾或凸尾。胫较跗蹠为长，跗蹠裸露，通常较短而粗壮，趾稍长而有力，爪钩曲而锐利。繁殖期多在 4—6 月，每窝产卵 2 ～ 6 枚。雏鸟晚成性。

通常栖息和活动于开阔旷野、耕地、疏林和林缘地区，飞行迅速。既能在地上捕食，也能在空中飞翔捕食。食物主要为小型鸟类、啮齿动物和昆虫。营巢于树洞或岩穴中，有的种类常侵占别种鸟的巢。本科鸟类通过它在飞翔时特别狭长的翅和相对较短的尾以及快速的飞行等特点，很容易与鹰科鸟类区别开来。

全世界有 10 属 61 种，分布于世界各地。我国有 2 属 13 种，分布于全国各地。

渤海山东海域海洋保护区发现本科常见鸟类 1 属 2 种。

燕隼 *Falco subbuteo*

中文种名： 燕隼
拉丁文名： *Falco subbuteo*
分类地位： 脊索动物门 / 鸟纲 / 隼形目 / 隼科 / 隼属
识别特征： 小型猛禽，体长 29 ~ 35 厘米。虹膜黄色，嘴黑色，嘴基部和蜡膜橙黄色。上体深灰黑色，胸白色具黑色纵纹，腿及臀棕色。雌鸟褐色，胸偏白，腿及尾下覆羽细纹较多。跗蹠和趾黄色，爪角黑色。
分　　布： 国外繁殖于俄罗斯远东、黑龙江和乌苏里江流域的俄罗斯沿岸一带以及日本和朝鲜等东北亚地区。国内繁殖于东北地区，越冬在长江以南，迁徙期间经过河北、山东和台湾等地。
照片来源： 烟台

该鸟被列入《国家重点保护野生动物名录二级保护野生动物》。

游隼 *Falco peregrinus*

中文种名： 游隼

拉丁文名： *Falco peregrinus*

分类地位： 脊索动物门 / 鸟纲 / 隼形目 / 隼科 / 隼属

识别特征： 中型猛禽，体长 41 ～ 50 厘米。虹膜暗褐色，眼睑和蜡膜黄色，嘴铅蓝灰色，嘴基部黄色，嘴尖黑色。翅长而尖，颊有一粗著的垂直向下的黑色髭纹，头至后颈灰黑色，其余上体蓝灰色，尾具数条黑色横带。下体白色，上胸有黑色细斑点，下胸至尾下覆羽密被黑色横斑。脚和趾橙黄色，爪黄色。

分　　布： 分布甚广，几乎遍布世界各地。

照片来源： 烟台

该鸟被列入《国家重点保护野生动物名录二级保护野生动物》。

雉科 Phasianidae

本科鸟类头顶常具肉冠或羽冠。嘴较短粗，上嘴先端微向下曲，但不具钩，且较尖锐。鼻孔椭圆形，不为羽毛所掩盖。翅稍短圆。初级飞羽 10 枚。脚强壮，适于奔跑。跗蹠裸出或仅上部被羽。雄性常具距，有时雌性亦具距；趾完全裸出，后趾位置高于他趾。雌雄同色或异色， 若异色时，雄鸟羽色华丽。繁殖期多在 4—7 月，每窝产卵通常在 4 ～ 7 枚。雏鸟早成性。

主要栖息于地面，营地上生活。晚上多在树上栖息。营巢于地上。善奔跑，不能长距离飞翔。主要以植物种子、果实和昆虫为食。

全世界有 57 属 185 种，分布于世界各地。我国有 21 属 55 种，分布于全国各地。

渤海山东海域海洋保护区发现本科常见鸟类 1 属 1 种。

日本鹌鹑 *Coturnix japonica*

中文种名： 日本鹌鹑

拉丁文名： *Coturnix japonica*

分类地位： 脊索动物门 / 鸟纲 / 鸡形目 / 雉科 / 鹑属

识别特征： 小型鹑类，体长 14 ～ 20 厘米。虹膜红褐色，嘴角蓝色。夏季额栗黄色，头顶至后颈黑褐色，具深栗黄色羽端。眉纹白色，从前额起往后直达颈部；眼圈、眼先和颊部均赤褐色，耳羽栗褐色；上背浅黄栗色，具黄白色羽干纹；下背、肩、腰和尾上覆羽黑褐色，多具两头尖的浅黄色羽干纹。下体灰白色，颏、喉赤褐色。跗蹠淡黄色。

分　　布： 国外分布于俄罗斯远东滨海边疆区、黑龙江流域至朝鲜、日本，一直到印度尼西亚。国内繁殖于东北三省和内蒙古、河北东北部，越冬和迁徙于河北及黄河以南广大地区。

照片来源： 烟台

鹤科 Gruidae

大型鸟类。头顶裸露无羽。颈、脚甚长，是涉禽中个体最大者。嘴直而稍侧扁。鼻孔呈裂隙状，被膜。翅宽阔而强，初级飞羽 11 枚，次级飞羽较初级飞羽为长。后趾小，位置较前 3 趾为高。飞翔时头颈和脚分别向前后伸直，常常发出像喇叭声样的洪亮叫声，明显与鹭和鹳不同，野外不难区别。繁殖期多在 4—7 月，每窝产卵 1 ~ 3 枚，通常 2 枚。雏鸟早成性。

主要栖息于开阔平原、草地、半荒漠以及沼泽湿地等开阔地带。以植物种子、嫩叶、杂草、小型动物为食。营巢于芦苇丛中。

全世界有 4 属 15 种，分布于除南美、新西兰和太平洋诸岛外的世界各地。我国有 2 属 9 种，分布于全国各地。

渤海山东海域海洋保护区发现本科常见鸟类 1 属 1 种。

丹顶鹤 *Grus japonensis*

中文种名：丹顶鹤

拉丁文名：*Grus japonensis*

分类地位：脊索动物门 / 鸟纲 / 鹤形目 / 鹤科 / 鹤属

识别特征：大型涉禽，体长 120~160 厘米。虹膜褐色，嘴较长，呈淡绿灰色，尖端黄色。全身几纯白色，头顶裸露无羽、呈朱红色，额和眼先微具黑羽，眼后方耳羽至枕白色，颊、喉和颈黑色；尾、初级飞羽和整个体羽全为白色，飞翔时极明显。颈、腿都很长，两翅中间长而弯曲的飞羽为黑色。胫裸露部分和跗蹠及趾灰黑色，爪灰色。

分　　布：分布于中国东北、蒙古东部、俄罗斯乌苏里江东岸、朝鲜、韩国和日本北海道。

照片来源：烟台

该鸟被列入《国家重点保护野生动物一级保护动物名录》。

秧鸡科 Rallidae

中小型涉禽。头小而颈稍长，嘴短而强，翅短圆，体较肥胖，尾短、常往上翘，脚稍长而强健，趾甚长，有的具瓣蹼。繁殖期因地因种而异，多在5—7月，每窝产卵通常在6～9枚。雏鸟早成性。

主要栖息于沼泽、溪流、湖畔、苇塘及其附近沼泽草地和灌丛地带，以植物嫩芽、种子、水生昆虫和小鱼为食。性胆怯，善藏匿，不善飞行，受惊时多在草丛或灌丛中奔跑或藏匿于其中。飞行时两脚下垂，单独或成小群于晨、昏活动。营巢于地上。

全世界有13属124种．几乎遍布于全球各地。我国有9属19种，分布于全国各地。

渤海山东海域海洋保护区发现本科常见鸟类3属3种。

黑水鸡 *Gallinula chloropus*

中文种名： 黑水鸡

拉丁文名： *Gallinula chloropus*

分类地位： 脊索动物门 / 鸟纲 / 鹤形目 / 秧鸡科 / 黑水鸡属

识别特征： 中型涉禽，体长 24 ~ 35 厘米。虹膜红色，嘴端淡黄绿色，上嘴基部至额板深血红色，下嘴基部黄色。额板末端呈圆弧状，仅达前额。体羽青黑色，两肋有白色纵纹，臀、尾下两侧有白斑。脚黄绿色，裸露的胫上部具宽阔的红色环带。

分　　布： 广布于除澳大利亚和大洋洲以外的世界各地。

照片来源： 烟台

该鸟被列入《国家保护的有益的或者有重要经济、科学研究价值的陆生野生动物名录》。

普通秧鸡 *Rallus aquaticus*

中文种名： 普通秧鸡

拉丁文名： *Rallus aquaticus*

分类地位： 脊索动物门 / 鸟纲 / 鹤形目 / 秧鸡科 / 秧鸡属

识别特征： 小型涉禽，体长 24 ～ 28 厘米。虹膜红褐色，嘴红色，嘴峰角褐色，繁殖期嘴峰亦为红色。上体褐色具黑色纵纹，两胁、尾下覆羽具黑白色横斑，脚红色。幼鸟翼上覆羽具不明晰的白斑。脚黄褐色或肉褐色。

分　　布： 国外分布于欧洲、中亚、亚洲北部、日本，南至非洲、亚洲南部。国内见于天津、河北、内蒙古、辽宁、山东、广东、海南、台湾、香港等全国大部分地区。

照片来源： 烟台

该鸟被列入《国家保护的有益的或者有重要经济、科学研究价值的陆生野生动物名录》和《山东省重点保护野生动物名录》。

白骨顶（骨顶鸡）*Fulica atra*

中文种名： 白骨顶（骨顶鸡）

拉丁文名： *Fulica atra*

分类地位： 脊索动物门 / 鸟纲 / 鹤形目 / 秧鸡科 / 骨顶属

识别特征： 中型水禽，体长 35 ～ 43 厘米。虹膜红褐色，嘴和额板白色，其余头顶、头侧、眼先、后颈灰黑色。上体余部灰黑褐色或暗橄榄褐色。飞羽灰褐色，羽轴黑褐色，富有光泽。内侧飞羽具灰白色羽端，形成明显的白色翼斑。颏、喉黑色，杂有白色。其余下体暗灰色，胸和腹杂有白色。胫裸出部、跗蹠、趾和瓣蹼绿黑色。

分　　布： 国外分布于欧亚大陆、北非和澳大利亚。国内广泛分布于全国各地。

照片来源： 烟台、东营

该鸟被列入《国家保护的有益的或者有重要经济、科学研究价值的陆生野生动物名录》。

水雉科 Jacanidae

小型至中型沼泽水域鸟类。脚长，尤其是脚趾和爪特长，能在漂浮于水面的植物叶片上行走。有的种类具额甲，或翼角有骨质刺突。翅短，飞翔力弱。繁殖期在 4—9 月，每窝产卵 2 ～ 7 枚，多为 4 枚。孵化期 22 ～ 24 天。

行走轻盈缓慢，举步较高，但危急时也能迅速奔跑。善游泳和潜水，有时在水中藏匿。觅食在较为开阔的水面。常成小群活动。食物主要为水生昆虫、小鱼和水生植物叶与种子。营巢在莲叶或其他水生植物上，属浮巢。

全世界有 6 属 8 种，分布于全球热带地区。我国有 2 属 2 种，分布于长江以南和东南沿海及台湾。

渤海山东海域海洋保护区发现本科常见鸟类 1 属 1 种。

水雉 *Hydrophasianus chirurgus*

中文种名： 水雉

拉丁文名： *Hydrophasianus chirurgus*

分类地位： 脊索动物门 / 鸟纲 / 鸻形目 / 水雉科 / 水雉属

识别特征： 中型水鸟，体长 31 ～ 58 厘米。虹膜褐色，嘴蓝灰色，尖端缀有绿色，黑色贯眼纹延至颈侧。头、前颈白色，头顶、背及胸上具灰褐色横斑，后颈金黄色。体部羽黑色、两翼白斑明显，初级飞羽尖端黑色。尾特长。跗蹠和趾淡绿色。

分　　布： 国外分布于印度、缅甸、泰国等地。国内分布于云南、四川、广西、广东、江西、湖北、香港、台湾和海南岛等长江流域和东南沿海地区，有时向北扩展到山西、山东、河南、河北等地。

照片来源： 烟台

该鸟被列入《国家保护的有益的或者有重要经济、科学研究价值的陆生野生动物名录》和《山东省重点保护野生动物名录》。

蛎鹬科 Haematopodidae

中型水边鸟类。体形粗胖，脚亦粗短。嘴长直而粗，甚锋利，适于开启贝壳。体羽为黑白二色。繁殖期多在5—7月，每窝产卵2～4枚。雌雄轮流孵卵，孵化期24～27天。

主要栖息于海滨沙滩、海岸附近岩礁及河口地带。善飞行。常成小群活动。食物主要为贝类、牡蛎等动物性食物。营巢于开阔海滨沙地上。

全世界有1属11种，分布于除南北极以外的世界各地。我国仅1属1种，分布于我国沿海一带。

渤海山东海域海洋保护区发现本科常见鸟类1属1种。

蛎鹬 *Haematopus ostralegus*

中文种名： 蛎鹬

拉丁文名： *Haematopus ostralegus*

分类地位： 脊索动物门 / 鸟纲 / 鸻形目 / 蛎鹬科 / 蛎鹬属

识别特征： 中型涉禽，体长 43 ～ 50 厘米。虹膜红色，嘴橙红色，长直而粗，先端较黄。体羽黑色、白色，头、颈、上胸、上背和肩黑色，泛亮光。下背、腰、尾上覆羽和尾羽基部白色；尾羽余部黑色。胸以下，包括腹部及其两侧和尾下白色。脚和趾粉红色和紫红色。

分　　布： 国外分布于欧亚大陆、非洲和日本。国内沿海都有分布。

照片来源： 烟台

该鸟被列入《国家保护的有益的或者有重要经济、科学研究价值的陆生野生动物名录》和《山东省重点保护野生动物名录》。

鸻科 Charadriidae

中小型涉禽。嘴短而直，先端隆起。鼻沟长。翅较尖短，初级飞羽11枚。尾短，跗蹠细长，后趾短小或缺如，趾间无蹼。繁殖期在5—7月，每窝产卵3～5枚，多为4枚。雌雄轮流孵卵，孵化期20～30天。雏鸟早成性。

栖息于海滨、湖畔、河边等水域浅水地带及其附近沼泽和草地上。喜集群，除繁殖期外常成群活动。行走轻快敏捷，常不停地在河边地上来回奔跑。飞行快而有力。食物主要为水边小型无脊椎动物，如甲壳类，软体动物、昆虫等。营巢于地面凹处。

全世界有9属66种，除南北极以外，分布于世界各地水域。我国有3属15种，分布于全国各地。

渤海山东海域海洋保护区发现本科常见鸟类3属6种。

灰斑鸻 *Pluvialis squatarola*

中文种名： 灰斑鸻

拉丁文名： *Pluvialis squatarola*

分类地位： 脊索动物门 / 鸟纲 / 鸻形目 / 鸻科 / 斑鸻属

识别特征： 中型水边鸟类，体长 27 ~ 32 厘米。虹膜暗褐色，嘴黑色。夏羽上体呈黑白斑驳状，下体从眼眉以下到腹全为黑色。上下两色之间夹以白色，将上下体截然分开。腰、尾白色，尾上有黑色横斑。冬羽下体黑色消失，呈淡灰色，具黑色纵纹，眉纹白色。脚黑色。

分　　布： 繁殖于北极圈。国外越冬在非洲、亚洲南部、澳大利亚和南美。国内越冬在湖南、江苏、浙江、福建、海南、香港和台湾等长江下游和东南沿海地区。

照片来源： 烟台

该鸟被列入《国家保护的有益的或者有重要经济、科学研究价值的陆生野生动物名录》。

金斑鸻 *Pluvialis fulva*

中文种名：金斑鸻

拉丁文名：*Pluvialis fulva*

分类地位：脊索动物门 / 鸟纲 / 鸻形目 / 鸻科 / 斑鸻属

识别特征：小型水边鸟类，体长 23 ~ 26 厘米。虹膜暗褐色，嘴黑色。雄鸟夏羽上体黑色，密布金黄色斑点，下体纯黑色；自额经眉纹，沿颈侧而下到胸侧有一条呈“Z”字形的白带，在上下体之间极为醒目。脚灰黑色。

分　　布：国外分布于西伯利亚北部、北极苔原地带。国内越冬在云南、广西、广东等沿海地区；迁徙期间见于新疆、青海、内蒙古、黑龙江、吉林、辽宁、山东、长江流域和东南沿海各地。

照片来源：烟台

该鸟被列入《国家保护的有益的或者有重要经济、科学研究价值的陆生野生动物名录》。

环颈鸻 *Charadrius alexandrinus*

中文种名： 环颈鸻

拉丁文名： *Charadrius alexandrinus*

分类地位： 脊索动物门 / 鸟纲 / 鸻形目 / 鸻科 / 鸻属

识别特征： 小型涉禽，体长 17 ～ 21 厘米。虹膜暗褐色，具窄的暗橙黄色眼圈。嘴橙黄色、先端黑色，前顶冠深黑色，额白色，额基与头顶前有两条黑色横带，贯眼纹宽、黑色，眼后有一白色眉斑。上体褐色、下体白色，颈环黑白两色，白颈环宽与白喉相连，黑环与黑色胸部相连。飞行时，白色翼斑明显。脚呈黄色。

分　　布： 国外分布于欧亚大陆、非洲、澳洲、新几内亚、马来半岛、巴基斯坦、印度北部、缅甸、新加坡、朝鲜、日本。国内分布于河北、东北地区、华北地区、西藏、香港、台湾。

照片来源： 烟台

该鸟被列入《国家保护的有益的或者有重要经济、科学研究价值的陆生野生动物名录》。

金眶鸻 *Charadrius dubius*

中文种名： 金眶鸻

拉丁文名： *Charadrius dubius*

分类地位： 脊索动物门 / 鸟纲 / 鸻形目 / 鸻科 / 鸻属

识别特征： 小型涉禽，体长 15 ~ 18 厘米。虹膜暗褐色，嘴黑色、短。额横带黑色而宽阔，头顶沙褐色，两色间有一白色细横带，眼周金黄色，贯眼纹宽而黑色，后上方眉纹白色。上体沙褐色，后颈领环与白喉相连，其后黑领环窄至前胸变宽，具黑色或褐色全胸带。脚和趾橙黄色。

分　　布： 国外分布于欧亚大陆、非洲北部、日本、伊朗、印度、菲律宾和新几内亚。国内广泛分布于全国各地。

照片来源： 烟台、东营

该鸟被列入《国家保护的有益的或者有重要经济、科学研究价值的陆生野生动物名录》。

灰头麦鸡 *Microsarcops cinreus*

中文种名：灰头麦鸡

拉丁文名：*Microsarcops cinreus*

分类地位：脊索动物门 / 鸟纲 / 鸻形目 / 鸻科 / 麦鸡属

识别特征：中型水边鸟类，体长 32 ~ 36 厘米。虹膜红色，嘴黄色，尖端黑色，头、颈、胸灰色，背褐色，下体白色、胸带黑色。尾白色具黑色端斑，最外侧尾羽全白。飞翔时，翅上黑白分明，下体白色而翼尖、尾端黑色。幼鸟无黑色胸带。脚黄色，爪黑色。

分　　布：国外分布于欧亚大陆及非洲北部、中南半岛、太平洋诸岛屿。国内繁殖于东北地区、华北地区以及江苏、福建一带，越冬在广东和云南等地。

照片来源：烟台

该鸟被列入《国家保护的有益的或者有重要经济、科学研究价值的陆生野生动物名录》。

凤头麦鸡 *Vanellus vanellus*

中文种名： 凤头麦鸡

拉丁文名： *Vanellus vanellus*

分类地位： 脊索动物门 / 鸟纲 / 鸻形目 / 鸻科 / 麦鸡属

识别特征： 中型涉禽，体长 29 ~ 34 厘米。虹膜暗褐色，嘴黑色，头顶色深，具黑色反曲长冠羽，耳羽黑色，头侧及喉部污白色。上体绿黑色及金属光泽，胸近黑色、腹白色。尾白色、具黑色宽次端带。脚肉红色或暗橙栗色。

分　　布： 国外繁殖于欧亚大陆北部，往东到俄罗斯远东；越冬在欧洲南部、印度北部和日本，偶尔到北美。中国北部为夏候鸟，南方为冬候鸟。

照片来源： 烟台

该鸟被列入《国家保护的有益的或者有重要经济、科学研究价值的陆生野生动物名录》。

鹬科 Scolopacidae

本科主要为中小型涉禽。体色多较淡而富有条纹。嘴细长，随取食方式不同嘴形有较大变化：或长直而尖，或向上弯曲，或向下弯曲，且多数都具柔软的革质，先端稍微膨大。鼻沟较长，通常超过上嘴长度之半。脚一般亦较细长，跗蹠前缘被盾状鳞，大多具 4 趾，趾间无蹼，或仅趾基微具蹼膜。繁殖期在 5—7 月，每窝产卵 3 ~ 5 枚，多为 4 枚。

主要栖息于海滨、湖畔、河边、沼泽等水边浅水处和沙地上。善于长途飞行，飞行时头颈前伸，两脚向后伸直，常边飞边叫。主要以昆虫、蠕虫、甲壳类和软体动物为食。营巢于水边地上草丛中。

全世界有 23 属 86 种，广泛分布于世界各地水域。我国有 16 属 47 种，遍布于全国各地。

渤海山东海域海洋保护区发现本科常见鸟类 5 属 14 种。

白腰草鹬 *Tringa ochropus*

中文种名： 白腰草鹬

拉丁文名： *Tringa ochropus*

分类地位： 脊索动物门 / 鸟纲 / 鸻形目 / 鹬科 / 鹬属

识别特征： 小型涉禽，体长 20 ~ 24 厘米。虹膜暗褐色，嘴灰褐色或暗绿色，尖端黑色。自嘴基至眼上有一白色眉纹。颊、耳羽、颈侧白色具细密的黑褐色纵纹。颏白色，喉和上胸白色密被黑褐色纵纹。前额、头顶、后颈黑褐色具白色纵纹。脚橄榄绿色或灰绿色。

分　　布： 国外繁殖于欧洲，往东一直到西伯利亚太平洋沿岸，越冬在欧洲南部、地中海、非洲、波斯湾。国内繁殖于东北地区，越冬在西藏南部、云南、贵州、四川和长江流域以南。

照片来源： 烟台

该鸟被列入《国家保护的有益的或者有重要经济、科学研究价值的陆生野生动物名录》。

红脚鹬 *Tringa totanus*

中文种名： 红脚鹬

拉丁文名： *Tringa totanus*

分类地位： 脊索动物门 / 鸟纲 / 鸻形目 / 鹬科 / 鹬属

识别特征： 小型涉禽，体长 26 ~ 29 厘米。虹膜黑褐色，嘴长直而尖，基部橙红色，尖端黑褐色。上体褐灰色、下体白色，具褐色纵纹，胁具横斑。飞行时腰明显，次级飞羽外缘白色。尾上具黑白色细斑。脚较细长，亮橙红色，繁殖期变为暗红色，幼鸟橙黄色。

分　　布： 在中国为常见冬候鸟，迁徙时见于全国大部分地区，结大群在西藏东南部及长江以南大部分地区越冬。

照片来源： 东营、烟台

该鸟被列入《国家保护的有益的或者有重要经济、科学研究价值的陆生野生动物名录》。

青脚鹬 *Tringa nebularia*

中文种名： 青脚鹬

拉丁文名： *Tringa nebularia*

分类地位： 脊索动物门 / 鸟纲 / 鸻形目 / 鹬科 / 鹬属

识别特征： 中型涉禽，体长 30 ~ 35 厘米。虹膜黑褐色，嘴长粗灰色端黑色，微向上翘。上体灰褐色具杂色斑纹，腰、尾白色具黑褐色横斑，下体白色，喉、胸及胁具黑褐色纵纹。冬羽仅胸部具不明显纵纹。脚长黄绿色，两趾连蹼。飞行时背部长条状白色明显，翼下具深色细纹。

分　　布： 国外繁殖于欧洲北部、俄罗斯。国内为常见冬候鸟，迁徙时见于全国大部分地区，结大群在西藏东南部及长江以南大部分地区越冬。

照片来源： 烟台

该鸟被列入《国家保护的有益的或者有重要经济、科学研究价值的陆生野生动物名录》。

泽鹬 *Tringa stagnatilis*

中文种名： 泽鹬

拉丁文名： *Tringa stagnatilis*

分类地位： 脊索动物门 / 鸟纲 / 鸻形目 / 鹬科 / 鹬属

识别特征： 小型涉禽，体长 19 ~ 26 厘米。虹膜暗褐色，嘴长、相当纤细，直而尖，黑色，基部绿灰色。上体灰褐色具黑斑，腰、下背白色，下体白色，颈、胸具细斑，飞翔时，白色下背、腰、尾与褐色斑、黑色翼对比明显，偏绿色长腿远伸出尾外。脚细长，暗灰绿色或黄绿色。

分　　布： 国外分布于欧洲东南部。国内分布于内蒙古、黑龙江和吉林省，迁徙时经过辽宁、河北、山东、江苏、西至甘肃、新疆、往南经福建、广东、海南岛和台湾。

照片来源： 烟台

该鸟被列入《国家保护的有益的或者有重要经济、科学研究价值的陆生野生动物名录》。

大滨鹬 *Calidris tenuirostris*

中文种名： 大滨鹬

拉丁文名： *Calidris tenuirostris*

分类地位： 脊索动物门 / 鸟纲 / 鸻形目 / 鹬科 / 滨鹬属

识别特征： 小型涉禽，体长 26 ~ 30 厘米，系滨鹬中个体最大者。虹膜暗褐色。嘴较长，黑褐色，基部淡绿色。头顶具褐色纵纹。上体色深具黄白色宽羽缘，肩、翼具栗红斑纹，下体白色，胸部黑色点斑密集明显，冬羽胸具黑色点斑，腰、两翼具白色横斑。尾基白色。脚暗石板色或灰绿色。

分　　布： 繁殖于欧亚大陆北部；越冬在地中海、非洲、印度及缅甸、 马来半岛等东南亚国家。迁徙期间经过中国吉林、辽宁、 河北、山东等地。

照片来源： 烟台

该鸟被列入《国家保护的有益的或者有重要经济、科学研究价值的陆生野生动物名录》。

黑腹滨鹬 *Calidris alpina*

中文种名： 黑腹滨鹬

拉丁文名： *Calidris alpina*

分类地位： 脊索动物门 / 鸟纲 / 鸻形目 / 鹬科 / 滨鹬属

识别特征： 小型涉禽，体长 16 ~ 22 厘米。嘴黑色、较长，尖端微向下弯曲。夏季背栗红色具黑色中央斑和白色羽缘。眉纹白色。下体白色，颊至胸有黑褐色细纵纹。腹中央黑色，星大型黑斑。冬羽上体灰褐色，下体白色，胸侧缀灰褐色。脚黑色。

分　　布： 繁殖于欧亚大陆北部，越冬在地中海、非洲、印度及缅甸、马来半岛等东南亚国家。迁徙期间经过中国吉林、辽宁、河北、山东等地。

照片来源： 烟台

该鸟被列入《国家保护的有益的或者有重要经济、科学研究价值的陆生野生动物名录》。

尖尾滨鹬 *Calidris acuminata*

中文种名： 尖尾滨鹬

拉丁文名： *Calidris acuminata*

分类地位： 脊索动物门 / 鸟纲 / 鸻形目 / 鹬科 / 滨鹬属

识别特征： 小型涉禽，体长 16 ~ 23 厘米。虹膜暗褐色。嘴黑褐色，下嘴基部淡灰色或黄褐色，嘴微向下弯。头顶部棕黑色，眉纹色浅，耳后有暗色斑，背、肩部黑色而羽缘栗黄色，下体白色具黑褐色纵纹，下胸常连成块斑。尾中央黑色、两侧白色。冬羽上体灰色、羽缘白色，胸、胁白色具黑斑点。脚绿色、褐色或黄色，飞翔时脚微超出尾端。

分　　布： 繁殖于西伯利亚东北部，越冬在马来半岛、印度尼西亚、澳大利亚和新西兰。迁徙期间经过我国内蒙古、东北三省和河北，往南至广东、福建、香港、台湾和海南岛。

照片来源： 烟台

该鸟被列入《国家保护的有益的或者有重要经济、科学研究价值的陆生野生动物名录》。

白腰杓鹬 *Numenius arquata*

中文种名： 白腰杓鹬

拉丁文名： *Numenius arquata*

分类地位： 脊索动物门 / 鸟纲 / 鸻形目 / 鹬科 / 杓鹬属

识别特征： 大型涉禽，体长 57 ～ 63 厘米。嘴特别细长而向下弯曲，黑色，下嘴基部肉红色。脸淡褐色具褐色细纵纹。颏、喉灰白色，前颈、颈侧、胸、腹棕白色或淡褐色、具灰褐色纵纹；头顶及上体淡褐色，密被黑褐色羽干纹，自后颈至上背羽干纹增宽，到上背则呈块斑状。腹、两胁白色具粗著的黑褐色斑点。脚青灰色。

分　　布： 国外繁殖于欧亚大陆北部，从英国往东一直到东西伯利亚，越冬在欧洲南部、南非、亚洲南部、印度、印度尼西亚和日本。我国繁殖于东北，迁徙时途径中国多数地区。

照片来源： 烟台

该鸟被列入《国家保护的有益的或者有重要经济、科学研究价值的陆生野生动物名录》和《山东省重点保护野生动物名录》。

小杓鹬 *Numenius minutus*

中文种名： 小杓鹬

拉丁文名： *Numenius minutus*

分类地位： 脊索动物门 / 鸟纲 / 鸻形目 / 鹬科 / 杓鹬属

识别特征： 小型涉禽，体长 29 ～ 32 厘米。虹膜黑褐色。嘴端黑色，下喙基部肉色。嘴长而向下弯曲，呈肉红色，前头、头顶和后头黑褐色；眼上粗著的眉纹和中央冠纹淡黄色。头侧和颈黄灰色，散布暗褐色条纹。一条黑纹穿过眼到眼后。上体黑褐色，羽缘有沙黄色缺刻。腿黄色或染灰蓝色，跗蹠具盾状鳞。

分　　布： 繁殖于俄罗斯的东西伯利亚和蒙古，越冬在印度尼西亚至澳大利亚一带。迁徙时途经中国境内黑龙江、吉林、辽宁、内蒙古东北部、河北、山东往南直到广东、福建、香港和台湾。

照片来源： 烟台

该鸟被列入《国家重点保护野生动物名录二级保护野生动物》。

中杓鹬 *Numenius phaeopus*

中文种名：中杓鹬

拉丁文名：*Numenius phaeopus*

分类地位：脊索动物门 / 鸟纲 / 鸻形目 / 鹬科 / 杓鹬属

识别特征：中型涉禽，体长 40 ~ 46 厘米。虹膜黑褐色，嘴黑褐色、细长而向下弯曲、微具细窄纹。头顶暗褐色，中央冠纹和眉纹白色，贯眼纹黑褐色。颏、喉白色。颈和胸灰白色，具黑褐色纵纹。身体两侧和尾下覆羽白色，具黑褐色横斑。腹中部白色。上背、肩、背暗褐色，羽缘淡色，具细窄的黑色中央纹；下背和腰白色，微缀有黑色横斑。脚蓝灰色或青灰色。

分　　布：国外繁殖于欧亚大陆北部、东西伯利亚和北美北部。国内分布于黑龙江、吉林、辽宁、河北、山东，西至四川、西藏南部，南至广东、福建、香港、海南岛、台湾和兰屿等。

照片来源：烟台

该鸟被列入《国家保护的有益的或者有重要经济、科学研究价值的陆生野生动物名录》。

大杓鹬（红腰杓鹬） *Numenius madagascariensis*

中文种名： 大杓鹬（红腰杓鹬）

拉丁文名： *Numenius madagascariensis*

分类地位： 脊索动物门 / 鸟纲 / 鸻形目 / 鹬科 / 杓鹬属

识别特征： 大型涉禽，体长达 63 厘米左右。虹膜暗褐色，嘴黑色、基部粉红色，特长而向下弯。体茶褐色，下背及尾红褐色，下体皮黄色，翼下、腋羽及尾覆羽淡褐色具黑褐色纵纹。脚灰褐色或黑色。

分　　布： 国外广有分布。国内繁殖于从黑龙江、吉林、辽宁，一直到河北和内蒙古东部，越冬在中国台湾。

照片来源： 烟台

该鸟被列入《国家保护的有益的或者有重要经济、科学研究价值的陆生野生动物名录》。

灰尾漂鹬 *Heteroscelus brevipes*

中文种名： 灰尾漂鹬

拉丁文名： *Heteroscelus brevipes*

分类地位： 脊索动物门 / 鸟纲 / 鸻形目 / 鹬科 / 漂鹬属

识别特征： 小型涉禽，体长 25 ~ 28 厘米。虹膜暗褐色，嘴黑色、粗而直，下嘴基部黄色。眉纹白色而贯眼纹黑色，额白色。上体灰色，下体白色、密布灰色横斑。冬羽无横斑而颈胸缀以浅灰色。脚较短而粗，黄色，跗蹠后面被盾状鳞。

分　　布： 繁殖于西伯利亚东部山地，越冬在菲律宾、马来西亚、印度尼西亚、澳大利亚、新西兰以及我国海南岛和台湾。迁徙经过我国大部分地区。

照片来源： 烟台

该鸟被列入《国家保护的有益的或者有重要经济、科学研究价值的陆生野生动物名录》。

斑尾塍鹬 *Limosa lapponica*

中文种名： 斑尾塍鹬

拉丁文名： *Limosa lapponica*

分类地位： 脊索动物门 / 鸟纲 / 鸻形目 / 鹬科 / 塍鹬属

识别特征： 中型涉禽，体长 37 ~ 41 厘米。虹膜暗褐色，嘴细长而尖、微向上翘，尖端黑色，基部粉红肉色或肉黄色。头黑褐色而眉纹白色显著。体栗红色，上体白色羽缘呈斑驳状，下体胸部沾灰色。冬羽灰褐色，头顶有黑色纵纹，上体和胁具黑褐色斑。脚暗灰色，有时缀有绿色和蓝色。

分　　布： 繁殖于欧洲大陆北部和北美西北部，越冬在南非、印度、澳大利亚和新西兰。迁徙经过我国东北、河北、新疆、长江下游、福建、广东、海南岛和台湾。

照片来源： 烟台

该鸟被列入《国家保护的有益的或者有重要经济、科学研究价值的陆生野生动物名录》。

黑尾塍鹬 *Limosa limosa*

中文种名： 黑尾塍鹬

拉丁文名： *Limosa limosa*

分类地位： 脊索动物门 / 鸟纲 / 鸻形目 / 鹬科 / 塍鹬属

识别特征： 中型涉禽体，体长 36 ~ 44 厘米。嘴直而长，基部肉红色，端部黑色。夏羽头与颈部红棕色，眉纹白色，胁与腹侧具粗的黑色横斑。尾羽黑色，基部白色。嘴长而直，超过跗蹠及尾的长度。冬羽其红褐色部分均变成黄褐色。雌鸟色彩与斑纹均较淡。胫裸出部与脚黑色。

分　　布： 繁殖于新疆及内蒙古北部，迁徙时经过我国大部分地区，越冬在华南及大洋洲。

照片来源： 东营

该鸟被列入《国家保护的有益的或者有重要经济、科学研究价值的陆生野生动物名录》。

反嘴鹬科 Recurvirostridae

中型水边鸟类。嘴细长，嘴端不隆起；嘴尖直，或向上翘，或向下弯曲。鼻孔呈直裂状，鼻沟较长。头较小，颈稍长。翅长而尖。尾短小，呈平尾状。脚细长，胫部裸出，跗蹠具网状鳞。无后趾或后趾短小，前趾间基部具蹼。两性羽色相似，体羽大多为黑白二色。本科与其他水边鸟类的区别主要在于它们特别细长的脚，或特别长而又上翘或下弯的嘴。繁殖期在 5—7 月，每窝产卵 2 ～ 9 枚，多为 4 枚。

栖息于海岸、湖泊、河流、沼泽等水域岸边。主要以甲壳类、昆虫、软体动物为食，偶尔吃小鱼和植物种子。营巢于水边草丛中地上。

全世界有 4 属 14 种，亦有学者将鹮嘴鹬属分出去单列为一单型科而仅有 3 属 13 种，分布遍及全球热带、亚热带和温带地区。我国计有 3 属 3 种，遍及全国各地。

渤海山东海域海洋保护区发现本科常见鸟类 2 属 2 种。

反嘴鹬 *Recurvirostra avosetta*

中文种名： 反嘴鹬

拉丁文名： *Recurvirostra avosetta*

分类地位： 脊索动物门 / 鸟纲 / 鸻形目 / 反嘴鹬科 / 反嘴鹬属

识别特征： 中型涉禽，体长 40 ~ 45 厘米。虹膜褐色或红褐色。嘴黑色，长而上翘。体羽全白，头额顶、后颈、翼尖及翼上、肩等部带斑黑色。脚蓝灰色，少数个体呈粉红色或橙色。

分　　布： 国外繁殖于欧洲、中东、中亚和外贝加尔湖等地区。国内分布于新疆、青海、内蒙古、辽宁、吉林等地，越冬在西藏南部和南部沿海地区，迁徙期间经过河北、山东和四川等地。

照片来源： 烟台、东营

该鸟被列入《国家保护的有益的或者有重要经济、科学研究价值的陆生野生动物名录》和《山东省重点保护野生动物名录》。

黑翅长脚鹬 *Himantopus himantopus*

中文种名： 黑翅长脚鹬

拉丁文名： *Himantopus himantopus*

分类地位： 脊索动物门 / 鸟纲 / 鸻形目 / 反嘴鹬科 / 长脚鹬属

识别特征： 中型涉禽体，体长 29 ~ 41 厘米。虹膜红色，嘴稍长而细尖、黑色。雄鸟夏季从头顶至背，包括两翅在内黑色。背、肩具绿色金属光泽。雌鸟和雄鸟大致相似，但头顶至后颈多为白色，通体除背、肩和两翅外，全为白色。冬季雌雄鸟羽色相似，通体除背、肩、翅上、翅下为黑色外，全为白色。脚长而细，粉红色。

分　　布： 国外繁殖于欧洲东南部、塔吉克斯坦和中亚国家，越冬在非洲和东南亚。国内繁殖于东北和西北地区，迁徙经过河北、山东、四川、西藏、江苏及福建、广东等东南沿海地区。

照片来源： 烟台

该鸟被列入《国家保护的有益的或者有重要经济、科学研究价值的陆生野生动物名录》。

鸥科 Laridae

本科主要为中小型水域鸟类。嘴直而尖，或尖端微向下钩曲。鼻孔裸出，呈线状或椭圆形。翅长而尖，第一或第二枚初级飞羽最长，翅折合时一般超过尾端。尾长，多为圆尾或叉状尾。尾羽通常 12 枚。前 3 趾间具蹼，后趾短小，位置稍较前趾为高。繁殖期多在 4—7 月，每窝产卵通常 2 ～ 3 枚，偶尔多至 4 枚。

主要栖息于近海海洋、海岸、岛屿、河口以及内陆湖泊、河流和沼泽等各类水体中。营巢于地上、悬岩和树上。常成群营巢，巢较简陋。雏鸟孵出时被有绒羽，留巢由亲鸟抚养。杂食性，主要以鱼、甲壳类、软体动物、昆虫为食。

全世界有 17 属 91 种，几乎遍及全球水域。我国有 10 属 34 种，分布于全国各地。

渤海山东海域海洋保护区发现本科常见鸟类 1 属 4 种。

普通海鸥 *Larus canus*

中文种名： 普通海鸥

拉丁文名： *Larus canus*

分类地位： 脊索动物门 / 鸟纲 / 鸻形目 / 鸥科 / 鸥属

识别特征： 中型水禽，体长 45 ~ 51 厘米。虹膜黄色，嘴、腿黄绿色，上体背、肩、翅灰色，头、颈、下体白色，初级飞羽末端黑色具白色次端斑。腰、尾上覆羽和尾羽白色。冬羽头、颈有褐色斑点。脚和趾亮橙黄色。

分　　布： 繁殖于欧亚大陆北部和北美西北部；越冬在我国辽宁、河北、河南、山东、江苏、浙江、长江流域，西至四川、云南，南至香港、海南岛和台湾。

照片来源： 烟台

该鸟被列入《国家保护的有益的或者有重要经济、科学研究价值的陆生野生动物名录》。

黑尾鸥 *Larus crassirostris*

中文种名： 黑尾鸥

拉丁文名： *Larus crassirostris*

分类地位： 脊索动物门 / 鸟纲 / 鸻形目 / 鸥科 / 鸥属

识别特征： 中型水禽，体长 43 ～ 51 厘米。虹膜淡黄色，眼睑朱红色；嘴黄色，先端红色，次端斑黑色。上体深灰色，腰、下体白色。尾白色具宽大次端黑斑。两翼长窄，合拢翼尖具 4 个白斑点，飞翔时翼、前后缘白色。冬羽头顶、颈背具深色斑。脚黄绿色，爪黑色。

分　　布： 国外繁殖于萨哈林岛、俄罗斯远东海岸、日本和朝鲜。国内繁殖于吉林东部、辽宁南部，山东和福建沿海一带；越冬或旅经辽宁、河北、山西、广东、香港和台湾。

照片来源： 烟台

该鸟被列入《国家保护的有益的或者有重要经济、科学研究价值的陆生野生动物名录》。

西伯利亚银鸥（织女银鸥）*Larus vegae*

中文种名：西伯利亚银鸥（织女银鸥）

拉丁文名：*Larus vegae*

分类地位：脊索动物门 / 鸟纲 / 鸻形目 / 鸥科 / 鸥属

识别特征：大型水鸟，体长约 62 厘米。嘴很粗壮、黄色，下嘴前端有红色的圆斑，背部的颜色浅灰，前几枚初级飞羽的外侧黑，有白色的斑，其余初级飞羽和次级飞羽有白色的外缘。头及下腹部白色，在非繁殖期，成鸟的头部、胸部及颈部密布黑色的纵纹。腿粉红色。

分　　布：繁殖于亚欧大陆的北部，冬季常见于亚洲东北部沿海，在我国的渤海和黄海沿海为常见冬候鸟。

照片来源：烟台、东营、滨州

红嘴鸥 *Larus ridibundus*

中文种名： 红嘴鸥

拉丁文名： *Larus ridibundus*

分类地位： 脊索动物门 / 鸟纲 / 鸻形目 / 鸥科 / 鸥属

识别特征： 中型水鸟，体长 35 ~ 43 厘米。嘴暗红色、先端黑色，眼周白色呈半月形斑，头、颈上部咖啡褐色与灰色肩背、白色体羽对比明显，翼前缘白色、翼尖黑色，冬羽头、颈白色，眼后具半月形黑斑。脚红色。幼鸟尾白色、尖端具黑色横斑，次级飞羽横斑黑色，体羽杂褐色斑。

分　　布： 国外繁殖于欧亚大陆。我国繁殖于西北部天山西部地区及中国东北部的湿地，在东部及北纬 32 度以南所有湖泊、河流及沿海地带越冬。

照片来源： 烟台

该鸟被列入《国家保护的有益的或者有重要经济、科学研究价值的陆生野生动物名录》。

燕鸥科 Sternidae

本科为中等至大型的鸟类，羽毛一般呈灰色或白色，头上往往有黑色斑纹，鸟喙稍长，脚有蹼。翅型尖长，尾羽呈叉尾形，嘴形尖细，身体轻盈，飞行时长尾巴及双翼很优雅，可与鸥科鸟类相区别。繁殖期多在 5—6 月，每窝产卵通常在 2 ~ 3 枚，少数仅产 1 枚。

常结群在海滨或河流活动。巢置于沼泽地的沙土窝中。有时吃昆虫，但主要靠从空中潜入水中捕甲壳动物和小鱼为食。喜群栖，常成群在岛屿的地面筑巢，有时数百万只形成繁殖群落。

全世界有 10 属 44 种，几乎遍及全球水域。我国有 7 属 19 种，分布于全国各地。

渤海山东海域海洋保护区发现本科常见鸟类 1 属 1 种。

白额燕鸥 *Sterna albifrons*

中文种名： 白额燕鸥

拉丁文名： *Sterna albifrons*

分类地位： 脊索动物门 / 鸟纲 / 鸻形目 / 鸥科 / 燕鸥属

识别特征： 小型水禽，体长 23 ～ 28 厘米。夏羽嘴黄色，尖端黑色，脚橙黄色，额白色。头顶至后颈黑色，贯眼纹黑色，与头顶黑色连为一体。上体淡灰色，外侧初级飞羽主要为黑色，具白色羽轴。尾上覆羽和尾羽为白色，尾呈深叉状。 下体白色。冬羽和夏羽基本相似，但嘴黑色，脚暗红色， 头顶前部亦为白色而杂有黑色，仅后顶和枕全为黑色。

分　　布： 国外分布于欧洲、亚洲、非洲和大洋洲。国内从东北至西南及华南沿海和海南以及内陆沿海的大部分地区均有繁殖。

照片来源： 烟台

该鸟被列入《国家保护的有益的或者有重要经济、科学研究价值的陆生野生动物名录》。

鸠鸽科 Columbidae

体形大小不一，但一般与家鸽差不多，雄鸟和雌鸟的羽色大体相似。体形较为肥胖，头部稍微较小，颈部粗而短，羽毛较为柔软而稠密。嘴短，嘴基有蜡膜，脚短而强，适于在地面行走。4 个趾均在同一平面上，趾间没有蹼。尾脂腺裸出或退化。繁殖期多在 4—7 月，每窝产卵 2 枚，有的 1 年繁殖 2 次，孵化期 14 ~ 18 天，雏鸟晚成性，亲鸟用“鸽乳”育雏。

鸠鸽类大都在树上栖息，少数栖息于地面上或岩石间，善于飞行，迁徙性强。常成群活动，有的成群繁殖。主要以植物的种子、果实、芽、叶等为食，也吃昆虫和小型无脊椎动物。

全世界有 40 属 280 种，分布于全球的热带和温带地区。我国有 8 属 31 种。广布于全国各地。

渤海山东海域海洋保护区发现本科常见鸟类 1 属 1 种。

山斑鸠 *Streptopelia orientalis*

中文种名： 山斑鸠

拉丁文名： *Streptopelia orientalis*

分类地位： 脊索动物门 / 鸟纲 / 鸽形目 / 鸠鸽科 / 斑鸠属

识别特征： 中型鸟类，体长 28 ～ 36 厘米。虹膜金黄色或橙色，嘴铅蓝色。上体褐色，羽缘棕色呈斑纹状，颈斑呈明显黑白色条纹块状斑，腰灰色，下体偏粉色。尾近黑色，具白色端斑，飞行时呈明显的完整弧形。脚粉红色。

分　　布： 国外分布于西伯利亚，西至乌拉尔山，东至日本、朝鲜，南至印度、缅甸、泰国和中南半岛。国内分布遍及全国各地。

照片来源： 烟台

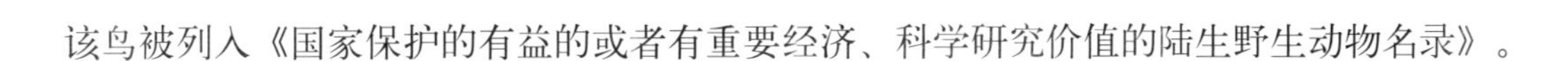

该鸟被列入《国家保护的有益的或者有重要经济、科学研究价值的陆生野生动物名录》。

鸱鸮科 Strigidae

鸱鸮科头大而圆，嘴侧扁而强壮，先端钩曲，嘴基被蜡膜，且多被硬羽所掩盖。面盘存在或缺少，存在时面盘几乎呈圆形。眼大，位置向前，眼周围以细羽毛，形成一圈皱领。有的种类头顶前端两侧有耳状簇羽。翅宽而稍圆，初级飞羽 11 枚，尾或短或长，尾羽 12 枚。脚粗壮而强，多数全部被羽，外趾能反转。爪弯曲而锐利。羽毛松软，飞时无声。

夜行性。主要栖息于森林和旷野，通常昼伏夜出，以鼠类、昆虫、鸟、蛙、鱼等动物性食物为食。营巢于树洞或岩石缝隙中，雏鸟晚成性。

全世界有 22 属 160 种，几乎遍及全球。我国分布有 11 属 27 种，遍布于全国各地。

渤海山东海域海洋保护区发现本科常见鸟类 4 属 6 种。

雕鸮 *Bubo bubo*

中文种名： 雕鸮
拉丁文名： *Bubo bubo*
分类地位： 脊索动物门 / 鸟纲 / 鸮形目 / 鸱鸮科 / 雕鸮属
识别特征： 大型鸮类，体长 65 ~ 89 厘米。虹膜金黄色，嘴灰黑色，面盘棕黄色杂有褐色细斑，耳羽簇长而明显，眼大、橘黄色，喉白色。体羽黄褐色具黑色斑点和纵纹。胸、腹黄色具深褐色纵纹，羽毛具褐色横斑。脚黄色被羽。
分　　布： 国外遍布于大部分欧亚地区和非洲。国内遍布于全国各地。
照片来源： 烟台

该鸟被列入《国家重点野生动物名录二级保护野生动物》。

短耳鸮 *Asio flammeus*

中文种名： 短耳鸮

拉丁文名： *Asio flammeus*

分类地位： 脊索动物门 / 鸟纲 / 鸮形目 / 鸱鸮科 / 耳鸮属

识别特征： 中型鸟类，体长 35 ～ 40 厘米。虹膜金黄色，嘴黑色，棕黄色面盘显著，眼圈黑色、内侧眉斑和皱翎白色。上体黄褐色，满布黑色和皮黄色纵纹和斑点，下体棕黄色具深褐色不分枝纵纹。飞行时，翼下黑色腕斑显而易见。脚偏白色。

分　　布： 国外分布于欧亚大陆、北非、北美洲、南美洲和太平洋及大西洋中一些岛屿。国内繁殖于内蒙古东部大兴安岭、黑龙江、辽宁，冬季几乎遍布全国各地。

照片来源： 烟台

该鸟被列入《国家重点野生动物名录二级保护野生动物》。

长耳鸮 *Asio otus*

中文种名： 长耳鸮

拉丁文名： *Asio otus*

分类地位： 脊索动物门 / 鸟纲 / 鸮形目 / 鸱鸮科 / 耳鸮属

识别特征： 中型鸟类，体长 33 ~ 40 厘米。虹膜橙红色，嘴铅灰色、尖端黑色，面盘显著、棕黄色，中央略显白色“X”图形，皱翎完整缀黑褐色，耳羽簇发达、竖立如耳。上体棕褐色具暗色块斑及皮黄色、白色点斑，下体黄白色具棕色杂纹及褐色纵纹、斑块，腹部具树枝状横枝。

分　　布： 国外分布于欧亚大陆北部。国内繁殖于黑龙江、吉林、辽宁、内蒙古东部、河北东北部和青海东部以及新疆西部，越冬在长江流域以南东南沿海各地。

照片来源： 烟台

该鸟被列入《国家重点野生动物名录二级保护野生动物》。

红角鸮 *Otus scops*

中文种名： 红角鸮

拉丁文名： *Otus scops*

分类地位： 脊索动物门 / 鸟纲 / 鸮形目 / 鸱鸮科 / 角鸮属

识别特征： 小型鸮类，体长 16 ~ 22 厘米。虹膜黄色，嘴暗绿色，下嘴先端近黄色。面盘呈灰褐色，四周围以棕褐色和黑色皱领；耳簇羽显著。体色有灰色与棕栗色两个色型，具细密的黑褐色虫蠹状斑和黑褐色纵纹，并缀有棕白色或白色斑点，后颈有白色或棕白色点斑。跗蹠被羽，但不到趾。趾肉灰色，爪暗色。

分　　布： 国外分布于欧洲、非洲、中亚、西伯利亚、日本、印度、斯里兰卡、中南半岛、菲律宾、马来西亚和印度尼西亚等地。国内分布于全国大部分地区。

照片来源： 烟台

该鸟被列入《国家重点野生动物名录二级保护野生动物》。

领角鸮 *Otus bakkamoena*

中文种名： 领角鸮

拉丁文名： *Otus bakkamoena*

分类地位： 脊索动物门 / 鸟纲 / 鸮形目 / 鸱鸮科 / 角鸮属

识别特征： 小型猛禽，体长 20 ～ 27 厘米，体重 110 ～ 205 克。虹膜黄色，嘴角色沾绿，爪角黄色，先端较暗。体羽多具黑褐色羽干纹及虫蠹状细斑，并散有棕白色眼斑。后颏、喉白色，上喉有一圈皱领，微沾棕色；颈基部有一显著的淡色翎领。前额和眉纹为皮黄白色或灰白色。上体通常为灰褐色或沙褐色，并杂有暗色的虫蠹状斑和黑色的羽干纹。下体为白色或皮黄色，缀有淡褐色的波状横斑和黑色羽干纹。

分　　布： 国外分布于俄罗斯远东、日本、菲律宾、中南半岛、马来西亚和印度尼西亚等地。国内分布于全国大部分地区。

照片来源： 烟台

该鸟被列入《国家重点野生动物名录二级保护野生动物》。

鹰鸮 *Ninox scutulata*

中文种名： 鹰鸮

拉丁文名： *Ninox scutulata*

分类地位： 脊索动物门 / 鸟纲 / 鸮形目 / 鸱鸮科 / 鹰鸮属

识别特征： 小型鸮类，体长 22 ～ 32 厘米。虹膜黄色，嘴灰黑色，嘴端黑褐色，嘴基、额基和眼先白色，眼先杂有黑羽；头顶、后颈至上背暗棕褐色，下背、腰至尾上覆羽淡棕褐色，尾为黑褐色，具灰褐色横斑和灰白色端斑；肩羽褐色，杂有白色斑块。颊、颏灰白色，喉灰色，具褐色细纹，胸、两胁至腹褐色，两翈羽缘白色，形成褐色纵纹。跗蹠被以棕褐色短羽，趾肉红色，具浅黄色刚毛，爪黑色。

分　　布： 国外分布于俄罗斯远东、日本、朝鲜、中南半岛、马来半岛等地。国内遍布于我国东部和南部广大地区。

照片来源： 烟台

该鸟被列入《国家重点野生动物名录二级保护野生动物》。

翠鸟科 Alcedinidae

中小型鸟类，体色大多艳丽。头大、颈短，嘴粗壮而长直，先端尖。翼较短圆，初级飞羽 11 枚，第一枚短小。尾亦短圆。尾羽大都 10 枚。脚较细弱，外趾和中趾大部相并连，内趾与中趾仅基部并连。尾脂腺裸出。繁殖期多在 5—7 月，每窝产卵 2 ～ 7 枚，卵白色。雌雄两性孵卵和育雏，雏鸟晚成性。

多为林栖或水边鸟类，林栖者主要栖息于森林中，以昆虫为食；水边栖息者主要栖息于河、湖、海岸等水域岸边，主要以鱼虾为食。营巢于土洞或树洞中。

全世界有 14 属 92 种，分布于全球热带和温带地区。我国有 5 属 11 种，几乎遍及全国各地。

渤海山东海域海洋保护区发现本科常见鸟类 2 属 2 种。

普通翠鸟 *Alcedo atthis*

中文种名：普通翠鸟

拉丁文名：*Alcedo atthis*

分类地位：脊索动物门 / 鸟纲 / 佛法僧目 / 翠鸟科 / 翠鸟属

识别特征：小型鸟类，体长 15 ~ 18 厘米。虹膜褐色，嘴直长、黑色（雌鸟下颚橘黄色），头、后颈深绿色具翠蓝色细横斑，贯眼纹黑褐色，额侧、颊、耳覆羽栗红色，颏白色，耳后具白斑。上体金属蓝绿色，肩蓝绿色，下体橙棕色。幼鸟色黯淡，具深色胸带。脚红色。

分　　布：分布于北非、欧亚大陆、日本、印度、马来半岛、新几内亚和所罗门群岛。国内分布于全国大部分地区。

照片来源：烟台

该鸟被列入《国家保护的有益的或者有重要经济、科学研究价值的陆生野生动物名录》。

戴胜科 Upupidae

中型鸟类。嘴细长而向下弯曲，头顶具直立而呈扇形的冠羽。翅短圆，初级飞羽 10 枚，尾羽 10 枚，方尾。尾脂腺被羽。跗蹠短弱，前后缘均被盾状鳞，中趾和外趾基部相合。繁殖期在 4—6 月，每窝产卵通常 6 ～ 8 枚。雏鸟晚成性。

主要栖息于开阔的农田、旷野和林缘地带，单独或成小群活动。飞翔时两翼鼓动缓慢，微成波浪式飞行。在地上觅食，主要以昆虫和蠕虫为食。营巢于树洞、柴堆、墙壁洞和岩穴中。雌雄孵卵和育雏。

全世界仅有 1 属 1 种，主要分布于非洲和欧亚大陆。中国亦只有 1 种，几乎遍及全国各地。

渤海山东海域海洋保护区发现本科常见鸟类 1 属 1 种。

戴胜 *Upupa epops*

中文种名： 戴胜

拉丁文名： *Upupa epops*

分类地位： 脊索动物门 / 鸟纲 / 戴胜目 / 戴胜科 / 戴胜属

识别特征： 中型鸟类，体长 25 ~ 32 厘米。虹膜暗褐色，嘴细长而微向下弯曲、黑色。头部可耸立醒目棕色扇形冠羽有黑色端斑和白色次端斑。头、上背、肩粉棕色，腰白色，两翼及尾具黑白色相间条纹，腹白色具褐色纵纹。尾黑色具白色横斑。脚黑色。

分　　布： 主要分布在欧洲、亚洲和北非地区，国内几乎遍布全国。

照片来源： 烟台

该鸟被列入《国家保护的有益的或者有重要经济、科学研究价值的陆生野生动物名录》。

啄木鸟科 Picidae

中小型鸟类。嘴强硬而直，呈凿形，舌尖角质化，有倒钩和黏液，用以钩取树干中的昆虫幼虫。尾多为楔尾，羽轴粗硬坚挺，多为 12 枚，少数 10 枚，外侧一对甚小，中央 1 ～ 3 对尾羽，羽端呈叉形，凿木时有支撑身体的作用。脚短而粗壮。跗蹠前面为盾状鳞，后面为网状鳞。趾为对趾型，前后各两趾，爪尖锐，适于攀缘。繁殖期多在 4—7 月，每窝产卵通常 3 ～ 5 枚不等，多者 8 ～ 12 枚。雏鸟晚成性。

栖息于森林中，为树栖类型，善于沿树干攀缘。通常边攀缘边敲击树干，发现有虫就凿洞取食。营巢于树洞中。

全世界有 34 属 208 种，我国有 9 属 29 种。除大洋洲和南极洲外，均可见到。

渤海山东海域海洋保护区发现本科常见鸟类 1 属 1 种。

大斑啄木鸟 *Dendrocopos major*

中文种名： 大斑啄木鸟

拉丁文名： *Dendrocopos major*

分类地位： 脊索动物门 / 鸟纲 / 䴕形目 / 啄木鸟科 / 啄木鸟属

识别特征： 小型鸟类，体长 20 ~ 25 厘米。虹膜暗红色，嘴铅黑或蓝黑色，额、颊、耳羽白色，头顶黑色，枕具红色斑及黑色横带。颈白色形成领环，上体黑色，肩、翅具大块白斑，下体灰白色无斑，臀部红色。中央尾羽黑色、外侧白色具黑色横斑。雌鸟枕部无红色斑。跗蹠和趾褐色。

分　　布： 国外分布于欧亚大陆到日本，南到北非、印度北部和缅甸。国内分布于全国大部分地区。

照片来源： 烟台

该鸟被列入《国家保护的有益的或者有重要经济、科学研究价值的陆生野生动物名录》。

百灵科 Alaudidae

百灵科鸟类体型小，和麻雀大小差不多。嘴一般细小而呈圆锥状。鼻孔上有悬羽，常将鼻孔掩盖。头多具羽冠，鸣叫时常竖直起来。翅较尖长，初级飞羽 9 ~ 10 枚，三级飞羽较长。尾羽 12 枚，较翅稍短。跗蹠后缘钝，被盾状鳞，后爪长直而尖。繁殖期多在 4—7 月，每窝产卵 2 ~ 5 枚，偶尔多至 8 枚。

主要栖息于草原、旷野等平坦开阔地带，也出现在湖滨、沼泽、耕地、山坡草地和河流沿岸草地与沼泽湿地等生境。善鸣叫，常冲天而上，在空中边飞边鸣，鸣声动听、悦耳，是人们喜爱的观赏鸟类，也是诗人常爱吟咏和比喻的对象。营巢于地上草丛中。食物主要为草籽、植物嫩叶、幼芽等植物性食物，也吃昆虫。

本科鸟类主要分布于欧亚大陆、非洲、大洋洲和北美等地。有关种属分类，目前意见尚不一致，有的分为 14 属 76 种，有的分为 15 属 78 种或 15 属 79 种，也有分为 21 属 85 种。我国有 6 属 14 种，分布于全国各地。

渤海山东海域海洋保护区发现本科常见鸟类 1 属 1 种。

凤头百灵 *Galerida cristata*

中文种名： 凤头百灵

拉丁文名： *Galerida cristata*

分类地位： 脊索动物门 / 鸟纲 / 雀形目 / 百灵科 / 凤头百灵属

识别特征： 小型鸣禽，体长 16 ~ 19 厘米。虹膜暗褐色或沙褐色，嘴长而向下弯、粉红色、端部色深。冠羽长而窄，耳羽浅棕色。上体沙褐色，具黑褐色纵纹，下体皮黄色，翼宽，翼下锈色，胸密布褐黑色纵纹。尾深褐色而两侧黄褐色。脚肉色。

分　　布： 国外广泛分布于欧亚大陆、印度北部和西北部。国内分布于全国大部分地区。

照片来源： 烟台

该鸟被列入《山东省重点保护野生动物名录》。

燕科 Hirundinidae

本科鸟类体型小巧，行动敏捷。嘴形平扁而短阔、近似三角形，嘴裂亦甚宽阔，嘴缘光滑，仅上嘴先端处有一小缺刻。鼻孔裸出，嘴须短弱。翅狭长而尖，初级飞羽 9 枚，第一、第二枚几乎等长，次级飞羽甚短，最长的也仅及翅的中部。尾羽 12 枚，多为叉状或短叉状。跗蹠细弱， 前缘被盾状鳞，少数种类跗蹠被羽。雌雄相似。繁殖期多在 4—7 月，每窝产卵通常 3 ~ 5 枚。

燕科鸟类主要生活于居民点、农田以及山谷中较为空旷的岩壁周围和湖泊沙丘岸边。善飞行，常长时间地在空中飞翔，捕食空中昆虫。休息时多成群栖息于电线上、岩石或潮湿的沙地上。营巢于房舍墙壁、房梁、天花板等人类建筑物上，也有的种类营巢于悬崖石隙间或在水域附近沙丘峭壁上掘穴为巢。巢多由苔藓、羽毛、杂草和泥土构成，呈碗状或曲颈瓶状。卵白色，有的缀有赤色斑纹。雏鸟晚成性。

本科鸟类多为迁徙鸟，除两极外几乎遍布全世界。其种数各学者有不同的统计，有的为 20 属 79 种，有的为 19 属 82 种，也有统计为 16 属 81 种。我国有 43 属 11 种，遍布于全国各地。

渤海山东海域海洋保护区发现本科常见鸟类 1 属 1 种。

家燕 *Hirundo rustica*

中文种名： 家燕

拉丁文名： *Hirundo rustica*

分类地位： 脊索动物门 / 鸟纲 / 雀形目 / 燕科 / 燕属

识别特征： 小型鸟类，体长 15 ～ 19 厘米。虹膜暗褐色，嘴短具嘴须、黑褐色、呈倒三角形，喉栗红色。上体蓝黑色闪光泽，翅狭长而尖，前胸具蓝色胸带，腹面白色。尾长、叉状，近端具白色点斑。跗蹠和趾黑色。

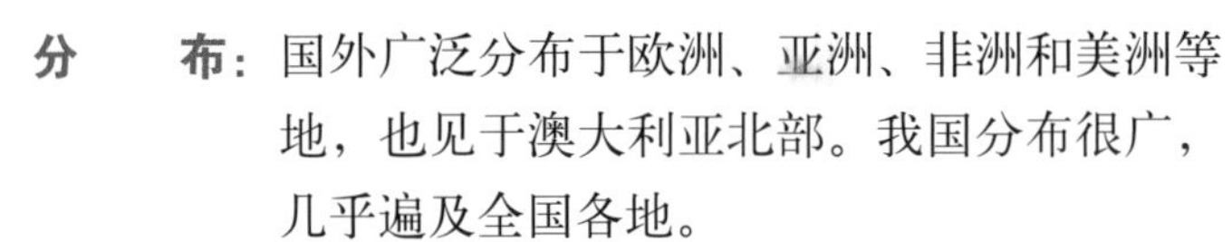

分　　布： 国外广泛分布于欧洲、亚洲、非洲和美洲等地，也见于澳大利亚北部。我国分布很广，几乎遍及全国各地。

照片来源： 烟台

该鸟被列入《国家保护的有益的或者有重要经济、科学研究价值的陆生野生动物名录》。

鹡鸰科 Motacillidae

本科鸟类体型细小，嘴较细长，上嘴先端微具缺刻，嘴须亦较发达。鼻孔不被羽。翅长而尖，初级飞羽 9 枚，第一和第二枚初级飞羽几相等长，次级飞羽亦较长，最长的次级飞羽几达翼端。尾羽 12 枚，最外侧尾羽几乎纯白色。脚细长，跗蹠前缘微具盾状鳞，后缘侧扁呈棱状。后趾与爪均较长，爪形稍曲。雌雄多相似。繁殖期多在 5—7 月，每窝产卵通常 4 ~ 6 枚。雏鸟晚成性。

本科鸟类主要为地栖种类，除少数种类外，一般不栖于树上，栖息于溪边、草地、农田、沼泽、林间等各类生境中。善于在地上奔跑，栖止时尾常不停地上下或左右摆动。飞行呈波浪状，边飞边叫。食物主要为昆虫，多在路边或水边觅食。除少数营巢于树上外，多营巢于地上草丛、石隙或岩石缝隙间。

全世界有 6 属 59 种，几乎遍及全球。我国有 3 属 18 种，遍布全国各地。

渤海山东海域海洋保护区发现本科常见鸟类 1 属 1 种。

白鹡鸰 *Motacilla alba*

中文种名： 白鹡鸰

拉丁文名： *Motacilla alba*

分类地位： 脊索动物门 / 鸟纲 / 雀形目 / 鹡鸰科 / 鹡鸰属

识别特征： 小型鸣禽，体长 16 ~ 20 厘米。虹膜黑褐色，嘴黑色。额头顶前部和脸白色，头顶后部、枕和后颈黑色。背、肩黑色或灰色，飞羽黑色。尾长而窄，尾羽黑色，最外两队尾羽主要为白色。颏、喉白色或黑色，胸黑色，其余下体白色。跗蹠黑色。

分　　布： 分布于欧亚大陆的大部分地区和非洲北部的阿拉伯地区，一直到太平洋沿岸、朝鲜和日本。我国有广泛分布，几乎遍布于全国各地。

照片来源： 烟台

该鸟被列入《国家保护的有益的或者有重要经济、科学研究价值的陆生野生动物名录》。

鹎科 Pycnonotidae

本科鸟类体型中等。嘴形长短不一，或细长居中略向下曲或短而粗厚。鼻孔长形或椭圆形，裸出或被悬羽掩盖，但不完全隐蔽。翅尖长或短圆，初级飞羽 10 枚。尾较长，尾羽 12 枚，呈方尾状或圆尾状。跗蹠短弱。雌雄羽色大多相似。繁殖期多在 4—7 月，每窝产卵 2 ~ 4 枚。

主要栖息于森林和林缘灌丛中。性喜集群，常成群活动在林中上部。营巢于乔木枝杈间，也在小数和灌木上筑巢。食物主要为植物果实、种子、昆虫等。

全世界有 14 属 122 种，主要分布于欧洲南部、非洲和亚洲南部等温带和热带地区。我国有 4 属 21 种，主要分布于长江以南地区。

渤海山东海域海洋保护区发现本科常见鸟类 1 属 1 种。

白头鹎 *Pycnonotus sinensis*

中文种名： 白头鹎

拉丁文名： *Pycnonotus sinensis*

分类地位： 脊索动物门 / 鸟纲 / 雀形目 / 鹎科 / 鹎属

识别特征： 小型鸟类，体长 17 ~ 22 厘米。虹膜褐色，嘴近黑色，髭纹黑色，眼后枕部宽斑、喉白色。上体灰色具浅黄绿色纹，胸具浅灰色横斑，腹白色具棕黄色纹。尾黑褐色，羽缘棕黄色。脚黑色。幼鸟头橄榄色。

分　　布： 国外见于琉球群岛和越南北部。国内分布于西至四川、云南东北部；北达陕西南部及河南；东至沿海一带，包括海南和台湾；南及四川广西西南等地。

照片来源： 烟台、潍坊

该鸟被列入《国家保护的有益的或者有重要经济、科学研究价值的陆生野生动物名录》。

太平鸟科 Bombycillidae

太平鸟科种类较少，是一个小科。体羽较松软，体色多呈葡萄灰色或淡褐色，头顶有一簇尖长而松软的羽冠。最短，嘴基宽阔，先端尖而微向下曲，微具缺刻。鼻孔被须覆盖。两翅尖长，初级飞羽 10 枚，第一枚退化为极小的短羽，次级飞羽羽轴多延长呈红色蜡状小斑。尾短，圆尾或方尾，尾羽末端通常有红色或黄色端斑。跗蹠短细而弱，前缘被盾状鳞。雌雄羽色相似。繁殖期多在 5—7 月，每窝产卵 3 ～ 7 枚。雏鸟晚成性。

主要栖息于森林中。树栖性，性喜成群。在树上或地上捕食，食物主要为昆虫、植物果实与种子。营巢于树上。

全世界有 5 属 8 种，分布于欧亚大陆北部和北美洲。我国有 1 属 2 种，主要分布于我国东北、华北和内蒙古等地。

渤海山东海域海洋保护区发现本科常见鸟类 1 属 2 种。

太平鸟 *Bombycilla garrulus*

中文种名：太平鸟

拉丁文名：*Bombycilla garrulus*

分类地位：脊索动物门 / 鸟纲 / 雀形目 / 太平鸟科 / 太平鸟属

识别特征：小型鸟类，体长 16 ~ 21 厘米。虹膜暗红色，嘴黑。额及头顶前部栗色，头顶后部及羽完灰栗褐色；上嘴基部、眼先、围眼至眼后形成黑色纹带，并与枕部的宽黑带相连构成一环带；颏、喉黑色；颊与黑喉交汇处为淡栗色，其前下缘近白；背、肩羽灰褐色，胸羽与背羽同色。雌鸟羽色似雄，但颏、喉的黑色斑较小，并微杂有褐色。脚、爪黑色。

分　　布：国外分布于亚洲北部俄罗斯西伯利亚中部至堪察加半岛和远东、蒙古、朝鲜、日本等地。国内分布于全国大部分地区。

照片来源：烟台

该鸟被列入《国家保护的有益的或者有重要经济、科学研究价值的陆生野生动物名录》。

小太平鸟 *Bombycilla japonica*

中文种名： 小太平鸟

拉丁文名： *Bombycilla japonica*

分类地位： 脊索动物门 / 鸟纲 / 雀形目 / 太平鸟科 / 太平鸟属

识别特征： 小型鸟类，体长 16 ~ 20 厘米。虹膜暗红色，嘴近黑色，嘴基黑色经眼伸达头后，羽冠发达、后缘黑色。体羽灰褐色，翅端黑色具绯红色斑和白色斑。尾尖端红色、次端斑黑色，尾下覆羽绯红色。脚褐色。

分　　布： 国外分布于西伯利亚东部、阿穆尔河下游、乌苏里斯克、萨哈林岛、日本、朝鲜半岛。国内分布于全国大部分地区。

照片来源： 烟台

该鸟被列入《国家保护的有益的或者有重要经济、科学研究价值的陆生野生动物名录》。

伯劳科 Laniidae

小型鸟类，嘴较粗壮，上嘴先端向下弯曲呈钩状并具有缺刻，外形略似鹰嘴，嘴须发达。鼻孔圆形，多少为垂羽所掩盖。翅大多短圆，初级飞羽 10 枚，第一枚短小，通常仅为第二枚之半。尾羽 12 枚，尾较长，多呈凸尾状。跗蹠强健，前缘具盾状鳞，爪锐利。体色多为棕色、黑色、灰色等，多具黑色贯眼纹。雌雄羽色相似或不同。幼鸟体羽多呈横斑状。繁殖期 5—8 月，每窝产卵 3 ~ 7 枚，主要由雌鸟孵卵。雏鸟晚成性。

主要栖息于低山丘陵和山脚平原等开阔地带的林缘疏林和灌丛中。性凶猛，主要以动物性食物为食，常栖于树木顶端或灌木枝上，也常栖于电线上等候猎物。营巢于树上或灌丛中。巢呈杯状。

全世界有 13 属 81 种，广泛分布于欧洲、亚洲、非洲、澳洲和北美洲。我国有 1 属 12 种，几乎遍及全国各地。

渤海山东海域海洋保护区发现本科常见鸟类 1 属 2 种。

红尾伯劳 *Lanius cristatus*

中文种名： 红尾伯劳

拉丁文名： *Lanius cristatus*

分类地位： 脊索动物门 / 鸟纲 / 雀形目 / 伯劳科 / 伯劳属

识别特征： 小型鸟类，体长 18 ~ 21 厘米。虹膜暗褐色，嘴黑色。上体棕褐色或灰褐色，两翅黑褐色，头顶灰色或红棕色、具白色眉纹和粗著的黑色贯眼纹。尾上覆羽红棕色，尾羽棕褐色，尾呈楔形。颏、喉白色，其余下体棕白色。脚铅灰色。

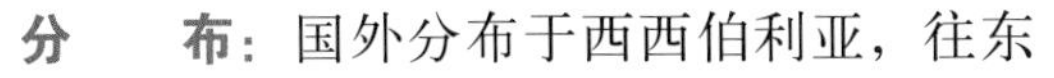

分　　布： 国外分布于西西伯利亚，往东一直到蒙古、朝鲜和日本，冬季也见于印度、中南半岛和东南亚国家。国内分布于全国大部分地区。

照片来源： 烟台

该鸟被列入《国家保护的有益的或者有重要经济、科学研究价值的陆生野生动物名录》。

棕背伯劳 *Lanius schach*

中文种名： 棕背伯劳

拉丁文名： *Lanius schach*

分类地位： 脊索动物门 / 鸟纲 / 雀形目 / 伯劳科 / 伯劳属

识别特征： 中型鸟类，是伯劳中体型较大者，体长 23 ~ 28 厘米。虹膜暗褐色，嘴黑色。前额黑色，眼先、眼周和耳羽黑色，形成一条宽阔的黑色贯眼纹，头顶至上背灰色（西南亚种黑色）。下背、肩、腰和尾上覆羽棕色，翅上覆羽黑色，大覆羽具窄的棕色羽缘。飞羽黑色，尾羽黑色，外侧尾羽外翈具棕色羽缘和端斑。颏、喉和腹中部白色，其余下体淡棕色或棕白色，两胁和尾下覆羽棕红色或浅棕色。脚黑色。

分　　布： 分布于西亚、中亚、南亚和东南亚地区。国内分布于长江流域及其以南的广大地区，有时迁徙至华北、华东地区。

照片来源： 潍坊

该鸟被列入《国家保护的有益的或者有重要经济、科学研究价值的陆生野生动物目录》。

卷尾科 Dicruridae

该科鸟类体形中等大小，体羽大多呈黑色或灰色而富有金属光泽。嘴强健粗壮，嘴峰稍曲， 先端具钩，嘴须发达。鼻孔全部或部分为垂羽所盖。翅形尖长，初级飞羽 10 枚，第一枚为第二枚长度之半。尾长而呈叉状，尾羽一般 10 枚，有些种类外侧尾羽向上弯曲，也有的最外侧一对尾羽羽轴延长而裸露，末端呈球拍状或半盘状。跗蹠短健，前缘具盾状鳞。雌雄羽色相似。繁殖期多在 4—7 月，每窝产卵 2 ～ 4 枚。雏鸟晚成性。

主要栖息于山地森林中。树栖性。主要以昆虫为食。营巢于树上，领域性甚强。巢为浅杯状或盘状。

全世界有 2 属 22 种，分布于亚洲南部、非洲和大洋洲。我国有 1 属 7 种，分布于我国东部和长江流域及其以南地区。

渤海山东海域海洋保护区发现本科常见鸟类 1 属 1 种。

黑卷尾 *Dicrurus macrocercus*

中文种名： 黑卷尾

拉丁文名： *Dicrurus macrocercus*

分类地位： 脊索动物门 / 鸟纲 / 雀形目 / 卷尾科 / 卷尾属

识别特征： 中型鸟类，体长 24 ～ 30 厘米。虹膜褐色，嘴小而黑色。上体、胸具暗蓝色辉光，翅具铜绿色反光。尾长、深叉状，外侧向上弯曲。脚黑色。幼鸟下体具近白色横纹。

分　　布： 国外分布于印度、巴基斯坦、阿富汗、伊朗、锡金、不丹和东南亚等地区。国内分布于全国大部分地区。

照片来源： 烟台

该鸟被列入《国家保护的有益的或者有重要经济、科学研究价值的陆生野生动物名录》。

椋鸟科 Sturnidae

中型鸟类。嘴尖而直，嘴缘平滑，或上嘴先端具缺刻。鼻孔裸露或为垂羽所覆盖。翅上度适中，尖翼或方翼；初级飞羽 10 枚，第一枚特别短小；尾短呈平尾或圆尾状，尾羽 12 枚。跗蹠粗长而强健，善步行，前缘具盾状鳞。雌雄羽色相似，体羽大多具金属光泽。幼鸟多具纵纹。繁殖期多在 4—7 月，每窝产卵通常 4 ~ 6 枚。雏鸟晚成性。

栖息于开阔地带，树栖或地栖。常成群活动，叫声嘈杂，有的善于模仿其他鸟类的鸣声，经训练可模仿人类简单的语言。主要以植物果实和种子为食，亦吃昆虫等动物性食物。营巢于树洞或其他洞穴中。

全世界有 28 属 108 种，主要分布在欧亚、亚洲、非洲和南洋群岛等温暖地区。我国有 3 属 18 种，几乎遍及全国各地。

渤海山东海域海洋保护区发现本科常见鸟类 2 属 3 种。

北椋鸟 *Sturnia sturnina*

中文种名： 北椋鸟

拉丁文名： *Sturnia sturnina*

分类地位： 脊索动物门 / 鸟纲 / 雀形目 / 椋鸟科 / 椋鸟属

识别特征： 小型鸟类，体长 16 ～ 19 厘米。虹膜褐色，嘴近黑色、下嘴基蓝白色。头、胸灰色，肩羽灰紫色，颈背具黑色块斑，翼灰黑色具醒目白色翼斑，腹白色。雌鸟上体烟灰色，颈背具褐色点斑，翼、尾黑色。幼鸟浅褐色，下体具褐色斑驳。脚绿色。

分　　布： 国外分布于东亚和东南亚地区，以及蒙古、俄罗斯联邦。国内分布于全国大部分地区。

照片来源： 潍坊

该鸟被列入《国家保护的有益的或者有重要经济、科学研究价值的陆生野生动物名录》。

灰椋鸟 *Sturnus cineraceus*

中文种名： 灰椋鸟

拉丁文名： *Sturnus cineraceus*

分类地位： 脊索动物门 / 鸟纲 / 雀形目 / 椋鸟科 / 椋鸟属

识别特征： 中型鸟类，体长 20 ～ 24 厘米。虹膜褐色，嘴橙红色，尖端黑色。头顶至后颈黑色，额和头顶杂有白色，颊和耳覆羽白色微杂有黑色纵纹。上体灰褐色，尾上覆羽白色。下体颏白色，喉、胸、上腹和两胁暗灰褐色，腹中部和尾下覆羽白色。脚橙黄色。

分　　布： 国外分布自外贝加尔湖东南部，往东一直到蒙古、朝鲜和日本。国内繁殖于我国东北、西北地区以及河南、山东北部，越冬或迁徙经河北、河南、山东南部和长江以南大部分地区。

照片来源： 烟台

该鸟被列入《国家保护的有益的或者有重要经济、科学研究价值的陆生野生动物名录》。

八哥 *Acridotheres cristatellus*

中文种名： 八哥
拉丁文名： *Acridotheres cristatellus*
分类地位： 脊索动物门 / 鸟纲 / 雀形目 / 椋鸟科 / 八哥属
识别特征： 中型鸟类，体长 23 ~ 28 厘米。虹膜橙黄色，嘴浅黄色、基部红色或粉红色，冠羽突出。体黑色，飞羽具白色块斑，飞行时尤其明显。尾端有窄白色斑纹，尾下覆羽具黑色、白色横纹。脚暗黄色。

分　　布： 国外分布于缅甸东部和中南半岛。国内分布于四川、云南以东，河南和陕西以南的平原地区，东南沿海台湾、香港和海南岛一带，有时向北迁徙至华北、华东地区。
照片来源： 烟台

该鸟被列入《国家保护的有益的或者有重要经济、科学研究价值的陆生野生动物名录》。

鸦科 Corvidae

本科系雀形目鸟类中体形较大的种类，嘴、脚均较粗壮，嘴呈圆锥形，嘴缘光滑，无缺刻，或缺刻不明显。最长几与头等长。鼻孔圆形，通常为羽须所掩盖。翼圆，初级飞羽 10 枚，第一枚初级飞羽较长，超过第二枚初级飞羽的一半；尾羽 12 枚，长短不一，或为平尾、圆尾和凸尾。脚粗壮而强健，前缘被盾状鳞，4 趾，前 3 后 1，中趾和侧趾在基部并合。雌雄 羽色相似。繁殖期多在 4—7 月，每窝产卵通常 2 ~ 5 枚。

主要栖息于山地、森林和平原等各类生境中，大多树栖，喜集群。营巢于树上、树洞或岩石洞穴中。杂食性，以昆虫、小型动物为食，也吃植物性食物。

全世界有 25 属 113 种，几乎遍及世界各地。我国有 14 属 30 种，遍布于全国各地。

渤海山东海洋保护区发现本科常见鸟类 2 属 2 种。

灰喜鹊 *Cyanopica cyanus*

中文种名： 灰喜鹊

拉丁文名： *Cyanopica cyanus*

分类地位： 脊索动物门 / 鸟纲 / 雀形目 / 鸦科 / 灰喜鹊属

识别特征： 中型鸦科鸟类，体长 33 ~ 40 厘米。虹膜暗褐色到淡褐黑色，嘴黑色。顶冠、耳羽及后枕黑色。背灰色，翼天蓝色，下体灰白色。尾长、蓝色。跗蹠和趾黑色。

分　　布： 国外分布于西班牙半岛、法国、蒙古北部、朝鲜半岛、日本。中国分布于东北至华北，西至内蒙古、山西、甘肃、四川以及长江中、下游直至福建。

照片来源： 烟台

该鸟被列入《国家保护的有益的或者有重要经济、科学研究价值的陆生野生动物名录》。

喜鹊 *Pica pica*

中文种名： 喜鹊

拉丁文名： *Pica pica*

分类地位： 脊索动物门 / 鸟纲 / 雀形目 / 鸦科 / 鹊属

识别特征： 中型鸦科鸟类，体长 38 ~ 48 厘米。虹膜暗褐色，嘴黑色。头、颈、胸黑色，具灰蓝色光泽，腰、两翼大型白斑飞行时明显，腹白色。尾长而黑色。跗蹠和趾均黑色。

分　　布： 除南美洲、大洋洲于南极洲外，几乎遍布世界各大陆。中国有 4 个亚种，见于除草原和荒漠地区以外的全国各地。

照片来源： 东营

该鸟被列入《国家保护的有益的或者有重要经济、科学研究价值的陆生野生动物名录》。

鸫科 Turdidae

本科主要是一些中、小型鸣禽，嘴多短健，嘴缘平滑，上嘴近端处常微具缺刻。鼻孔明显，不为悬羽所掩盖，有嘴须。翅长而尖，初级飞羽 10 枚，第一枚甚短小。尾羽通常 12 枚，偶尔 10 枚或 14 枚，尾形不一，较短呈平截状，或较长而呈凸尾状。跗蹠较长而强健，前缘多数被靴状鳞。幼鸟体羽通常具斑点，成鸟仅每年秋季换羽一次。

主要栖息于森林、冻原、荒漠、农田等各类生境中，树栖或地栖性。善飞行，亦善地面奔跑，飞行力强弱不一，鸣声多样，有的悦耳动听。主要以昆虫为食，也吃植物果实与种子。营巢于树上、地上、岩石洞穴或灌丛中。巢呈杯状，主要由杂草、苔藓、地衣等构成。每窝产卵多在 4 ~ 6 枚。

全世界有 53 属 317 种，广泛分布于除极地和新西兰以外的世界各地。我国有 18 属 91 种，几乎遍及全国各地。

渤海山东海域海洋保护区发现本科常见鸟类 5 属 5 种。

北红尾鸲 *Phoenicurus auroreus*

中文种名： 北红尾鸲

拉丁文名： *Phoenicurus auroreus*

分类地位： 脊索动物门 / 鸟纲 / 雀形目 / 鸫科 / 红尾鸲属

识别特征： 小型鸟类，体长 13 ～ 15 厘米。虹膜暗褐色，嘴黑色，头侧、喉褐黑色。头顶及颈背石板灰色具银色羽缘，上背及两翼褐黑色，翼白色斑大而明显，体羽栗褐色，中央尾羽黑褐色，外侧尾羽棕黄色。雌鸟黯褐色，白色翼斑显著。脚黑色。

分　　布： 国外繁殖于俄罗斯东西伯利亚南部，往南到蒙古和朝鲜，越冬在东南亚各国。国内繁殖于东北、华北和西北地区，越冬在长江以南。

照片来源： 东营、烟台

该鸟被列入《国家保护的有益的或者有重要经济、科学研究价值的陆生野生动物名录》。

红喉歌鸲 *Luscinia calliope*

中文种名： 红喉歌鸲

拉丁文名： *Luscinia calliope*

分类地位： 脊索动物门 / 鸟纲 / 雀形目 / 鹟科 / 歌鸲属

识别特征： 小型鸟类，体长 14 ～ 17 厘米。虹膜褐色或暗褐色，嘴黑褐色或暗褐色，基部较浅淡。头顶棕褐色，眉纹、颊纹白色而醒目，颏、喉赤红色而周缘黑色。上体橄榄褐色，胸带暗褐色，两胁皮黄色，腹部皮黄白色。尾褐色。雌鸟喉灰白色，胸带近褐色。脚褐白色。

分　　布： 分布于西伯利亚、蒙古、日本、朝鲜、印度、孟加拉、缅甸、中国内地及台湾等地。繁殖于中国东北、华北、青海东北部至甘肃南部及四川。越冬在中国南方、台湾及海南岛。

照片来源： 烟台

该鸟被列入《国家保护的有益的或者有重要经济、科学研究价值的陆生野生动物名录》。

红尾水鸲 *Rhyacornis fuliginosus*

中文种名： 红尾水鸲

拉丁文名： *Rhyacornis fuliginosus*

分类地位： 脊索动物门 / 鸟纲 / 雀形目 / 鸫科 / 水鸲属

识别特征： 小型鸟类，尾短，体长 13 ~ 14 厘米。虹膜褐色，嘴黑色。体羽蓝灰色，翼端灰黑色，腰、臀及尾栗褐色。雌鸟上体灰色，翼黑色羽端具白斑，下体白色，羽缘呈鳞状斑纹，臀、腰白色；尾基白色，端部黑色。幼鸟灰色上体具白色点斑。脚褐色。

分　　布： 国外分布于中亚和东南亚等地。国内分布于华北、华东、华中、华南和西南以及台湾和海南岛等地。

照片来源： 烟台

红胁蓝尾鸲 *Tarsiger cyanurus*

中文种名： 红胁蓝尾鸲

拉丁文名： *Tarsiger cyanurus*

分类地位： 脊索动物门 / 鸟纲 / 雀形目 / 鸫科 / 鸲属

识别特征： 小型鸟类，体长 13 ~ 15 厘米。虹膜褐色或暗褐色，嘴黑色。眉纹白色，眼先与颊黑色，颏喉白色。上体灰蓝色，两胁具特征性橘黄色，与白色腹、臀部对比明显。雌鸟褐色，喉褐色而具白色中线。尾蓝色。脚灰色。

分　　布： 国外分布于东欧，自乌拉尔西部往东到朝鲜、日本，南至阿富汗、巴基斯坦和喜马拉雅山等地。国内主要繁殖于东北、华北和西南地区，越冬在长江流域和长江以南广大地区。

照片来源： 东营、烟台

该鸟被列入《国家保护的有益的或者有重要经济、科学研究价值的陆生野生动物名录》。

乌鸫 *Turdus merula*

中文种名： 乌鸫

拉丁文名： *Turdus merula*

分类地位： 脊索动物门 / 鸟纲 / 雀形目 / 鸫科 / 鸫属

识别特征： 中型鸟类，体长 26 ~ 28 厘米。虹膜褐色，嘴橙黄色或黄色。雄鸟通体羽色为黑色、黑褐色或乌褐色，有的沾锈色或灰色。下体黑褐色稍淡，有的颏、喉呈浅栗褐色而微具黑褐色纵纹。雌鸟羽色通体为黑褐色，多沾有锈色，尤以下体较明显，颏、喉部多具暗色纵纹。脚黑褐色。

分　　布： 国外分布于欧洲、北非、中东、高加索、中亚和西南亚。国内分布于全国大部分地区。

照片来源： 烟台

鹟科 Muscicapidae

本科主要是一些小型鸟类。嘴较平扁，嘴基部较宽阔。嘴须发达，上嘴端部微具缺刻，嘴峰具嵴。鼻孔多被垂羽所掩盖。翅多尖长，两翅折合时达尾长之半。初级飞羽10枚，第一枚甚短小，通常不及跗蹠的长度。尾羽12枚，或长或短，形状不一。跗蹠较细弱，前缘被盾状鳞。体羽多为褐色、灰色、蓝色或棕褐色，变化较大，雌雄羽色相似或不同。每年仅秋季换羽1次。繁殖期多在5—7月，每窝产卵通常4～7枚。

主要栖息于森林或灌丛中。多为树栖性。营巢于树枝间或灌丛中，也在树洞和岩穴中营巢。食物主要为昆虫和昆虫幼虫。

全世界有9属108种，除北极以外，广泛分布于东半球地区。我国有8属40种，分布于全国各地。

渤海山东海域海洋保护区发现本科常见鸟类2属2种。

灰纹鹟（灰斑鹟，斑胸鹟）*Muscicapa griseisticta*

中文种名： 灰纹鹟（灰斑鹟，斑胸鹟）

拉丁文名： *Muscicapa griseisticta*

分类地位： 脊索动物门 / 鸟纲 / 雀形目 / 鹟科 / 鹟属

识别特征： 小型鸟类，体长 13 ～ 15 厘米。虹膜暗褐色，嘴黑色，下嘴基部较淡。上体从头至尾灰褐色，头顶各羽中央较暗，形成暗色中央斑纹。背具不明显的暗色羽轴纹。眼先和眼周白色或棕白色，前额基部和两侧白色，两翅和尾暗褐色，大覆羽羽端和三级飞羽羽缘淡棕白色或白色，在翅上形成明显的淡色翅斑。颊、脸暗灰褐色，颧纹黑色。下体白色，胸、腹和两胁有明显的灰色或黑褐色长形斑点或条纹，胸部纵纹较细。脚黑褐色。

分　　布： 国外繁殖于俄罗斯西伯利亚东南部、远东、朝鲜等地，越冬在菲律宾和新几内亚。国内繁殖于内蒙古、黑龙江和吉林等地，迁徙期间经过辽宁、河北、山东、江苏及东南沿海地区。

照片来源： 烟台

该鸟被列入《国家保护的有益的或者有重要经济、科学研究价值的陆生野生动物名录》。

白腹姬鹟 *Ficedula cyanomelana*

中文种名： 白腹姬鹟

拉丁文名： *Ficedula cyanomelana*

分类地位： 脊索动物门 / 鸟纲 / 雀形目 / 鹟科 / 姬鹟属

识别特征： 小型鸟类，体长 14 ～ 17 厘米。虹膜暗褐色或黑褐色，嘴黑褐色。头顶钴蓝色或钴青蓝色，其余上体紫蓝色或青蓝色，两翅和尾黑褐色，羽缘颜色同背，外侧尾羽基部白色。头侧、颏、喉、胸黑色，其余下体白色。雌鸟上体橄榄褐色，腰沾锈色，眼圈白色。颏、喉污白色，胸灰褐色，胸以下白色。脚黑色。

分　　布： 国外繁殖于俄罗斯远东南部乌苏里至朝鲜、日本等地，越冬在东南亚地区。国内繁殖于东北三省和北京等地，迁徙期间经过全国大部分地区。

照片来源： 烟台

王鹟科 Monarchidae

本科鸟类体型都不大。身体细长，喙则较宽，有些鸟种的喙很大，有些宽扁或很厚重。尾部均较长，尤其是寿带鸟属的雄鸟尾羽更长。有些鸟种的雄鸟色型不只一种。多一夫一妻繁殖，少数成群繁殖。繁殖期多在 4—7 月，每窝产卵通常 2 ～ 5 枚。

栖息于森林、树林、疏林或红树林中。澳洲的王鹟科鸟类则广泛出现在沙漠以外的各种环境中。多为留鸟， 仅有少数鸟种会做季节性迁移。绝大多数鸟种是树栖性，生存于较开阔环境的鸟种多在树的上层活动，而在浓密树林中栖息的鸟种则多在森林中下层活动。领域性强。在树上筑相当精致的杯型巢，许多鸟种的巢外层会有苔藓装饰。以昆虫为食。

全世界有 15 属 87 种，主要分布于东南亚及太平洋诸岛。我国有 2 属 3 种。

渤海山东海域海洋保护区发现本科常见鸟类 1 属 1 种。

紫寿带 *Terpsiphone atrocaudata*

中文种名： 紫寿带

拉丁文名： *Terpsiphone atrocaudata*

分类地位： 脊索动物门 / 鸟纲 / 雀形目 / 王鹟科 / 寿带鸟属

识别特征： 小型鸟类，雄鸟体长 20 ~ 44 厘米，雌鸟体长约 17 厘米。虹膜暗褐色，嘴蓝褐色，头具冠羽。头、喉、颈、上胸黑褐色具光泽。背部紫赤色，胸腹部白色。翼及尾黑色，尾长约 20 厘米。雌鸟头顶色彩暗，尾羽不延长。脚偏蓝色。

分　　布： 国外繁殖于日本、朝鲜，越冬在东南亚。国内分布于山西、辽宁、山东、福建、海南、贵州、台湾、香港等地。

照片来源： 烟台

该鸟被列入《国家保护的有益的或者有重要经济、科学研究价值的陆生野生动物名录》。

画眉科 Timaliidae

本科鸟类多系一些中小型鸟类。嘴细长而尖，较强硬，嘴缘光滑，上嘴端部无钩或微具缺刻，有的下曲，有的甚厚短。鼻孔大多局部被羽毛或为刚毛所覆盖。两翅短圆而稍凹。初级飞羽 10 枚，尾长度适中、多呈凸状。两脚强健，善于跳跃和奔跑，跗蹠前缘具盾状鳞，有时鳞片间界限不明显。有的种类眼上具白色眉纹，向后延伸呈峨眉状，犹如画上去的一般，故有画眉之名。繁殖期多在 4—7 月，每窝产卵通常 2 ~ 7 枚。

本科鸟类多系森林鸟类，主要栖息于热带和亚热带茂密的森林中。常成群活动。多为留鸟，不做远距离飞行。主要在树上、树下灌丛中或地上活动和觅食。食物主要为各种昆虫、小型无脊椎动物和植物果实与种子。通常营巢于树枝杈上、灌丛中或地上。巢呈杯状，主要由细枝、草叶等材料构成。善鸣叫，鸣声婉转、悦耳动听，是人们喜爱的笼养鸟之一，具有很高的观赏价值。

全世界有 259 种，主要分布在亚洲、欧洲南部、非洲和大洋洲等热带和亚热带地区。我国将近 116 种，主要分布于长江以南地区。

渤海山东海域海洋保护区发现本科常见鸟类 2 属 2 种。

画眉 *Garrulax canorus*

中文种名： 画眉

拉丁文名： *Garrulax canorus*

分类地位： 脊索动物门 / 鸟纲 / 雀形目 / 画眉科 / 噪鹛属

识别特征： 中型鸟类，体长 21 ~ 24 厘米。虹膜橙黄色或黄色，上嘴角色，下嘴橄榄黄色。额棕色，头顶至上背棕褐色，自额至上背具宽阔的黑褐色纵纹，纵纹前段色深后部色淡。眼圈白色，其上缘白色向后延伸成一窄线直至颈侧。头侧包括眼先和耳羽暗棕褐色，其余上体包括翅上覆羽棕橄榄褐色，两翅飞羽暗褐色。颏、喉、上胸和胸侧棕黄色杂以黑褐色纵纹，其余下体亦为棕黄色。跗蹠和趾黄褐色或浅色。

分　　布： 国外分布于越南和老挝北部。国内大部分地区均有分布。

照片来源： 烟台

该鸟被列入《国家保护的有益的或者有重要经济、科学研究价值的陆生野生动物名录》。

红嘴相思鸟 *Leiothrix lutea*

中文种名： 红嘴相思鸟

拉丁文名： *Leiothrix lutea*

分类地位： 脊索动物门 / 鸟纲 / 雀形目 / 画眉科 / 相思鸟属

识别特征： 小型鸟类，体长 13 ~ 16 厘米。虹膜暗褐色或淡红褐色，嘴赤红色，基部黑色。上体暗灰绿色、眼先、眼周淡黄色，耳羽浅灰色或橄榄灰色。两翅具黄色和红色翅斑，尾叉状、黑色，颏、喉黄色，胸橙黄色。跗蹠和趾黄褐色。

分　　布： 国外分布于巴基斯坦、克什米尔、尼泊尔、锡金、斯里兰卡和马尔代夫以及中南半岛。国内分布于甘肃南部、陕西南部、长江流域及其以南的华南各省，有时向北迁徙至华北地区。

照片来源： 烟台

该鸟被列入《国家保护的有益的或者有重要经济、科学研究价值的陆生野生动物名录》。

鸦雀科 Paradoxornithidae

本科鸟型体型较小，多属小型鸟类，嘴短而粗厚、呈锥状，嘴峰呈圆弧状，尖端具钩，略似鹦嘴。鼻孔被羽须所掩盖。翅短圆，尾长，多呈凸状。繁殖期多在4—7月，每窝产卵通常2～6枚不等。

主要栖息于芦苇和灌丛中，性喜成群，常成群活动。飞行力弱，多做短距离飞翔。鸣声低弱。主要以昆虫为食，也吃植物果实和种子。

本科鸟类从前多被放入画眉亚科，但由于它的嘴短而粗厚，以及其他一些形态学和生态学特征明显与画眉类不同，因而近来多被单列为一科，即鸦雀科（Paradoxornithidae）或文须雀科（Panuridae），英文名通称Parrotbills。

全世界有3属19种，主要分布于欧亚大陆中部和南部以及东南亚等温暖地区。我国有3属18种，几乎遍及全国各地。

渤海山东海域海洋保护区发现本科常见鸟类1属2种。

棕头鸦雀 *Paradoxornis webbianus*

中文种名： 棕头鸦雀

拉丁文名： *Paradoxornis webbianus*

分类地位： 脊索动物门 / 鸟纲 / 雀形目 / 鸦雀科 / 鸦雀属

识别特征： 小型鸟类，体长 11 ～ 13 厘米。虹膜暗褐色，嘴粗短而厚、暗褐色、似鹦鹉嘴、先端沾黄色，头红棕色。上体橄榄褐色，飞羽外缘红棕色或褐色。颏、喉、胸葡萄粉红色微具细的棕色纵纹，其余下体皮黄褐色。脚铅褐色。

分　　布： 国外分布于俄罗斯远东、朝鲜、越南北部和缅甸东北部。国内分布较广，遍布于中国东部、中部和长江以南各地。

照片来源： 烟台、潍坊

该鸟被列入《国家保护的有益的或者有重要经济、科学研究价值的陆生野生动物名录》。

震旦鸦雀 *Paradoxornis heudei*

中文种名： 震旦鸦雀

拉丁文名： *Paradoxornis heudei*

分类地位： 脊索动物门 / 鸟纲 / 雀形目 / 鸦雀科 / 鸦雀属

识别特征： 小型鸟类，体长 15 ～ 18 厘米。虹膜褐色或红褐色，嘴粗厚而短、黄色、似鹦鹉嘴。头顶至枕灰色，眉纹黑色长而宽阔，自眼上方一直延伸至后颈在淡色的头部极为醒目。背赭色，有时具灰色或黑色纵纹，尾上覆羽和中央一对尾羽淡红赭色，两侧尾羽黑色具白色端斑。颏、喉灰色，其余下体赭色。脚肉色。

分　　布： 国外仅见于兴凯湖俄罗斯邻近我国一侧。是我国特产鸟类，仅分布于我国黑龙江、辽宁、山东以及上海、江苏、浙江、安徽、江西等长江下游地区。

照片来源： 潍坊

该鸟被列入《国家保护的有益的或者有重要经济、科学研究价值的陆生野生动物名录》。

莺科 Sylviidae

莺科主要是一些小型鸟类。体型一般纤细瘦小，嘴较尖细，嘴缘光滑，上嘴先端常微具缺刻。两翅多短圆，初级飞羽 10 枚，尾羽 10 或 12 枚。跗蹠细弱，前缘被以靴状鳞或盾状鳞。羽色较单一，雌雄羽色多相似。繁殖期多在 4—7 月，每窝产卵通常 2 ~ 5 枚不等。

栖息于森林、灌丛、芦苇沼泽和耕地等各类生境中，鸣声尖细清脆。主要以昆虫为食，是农林益鸟。

全世界有 48 属 281 种，分布遍及东半球，少数种类分布到北美洲。我国有 19 属 84 种，几乎遍及全国各地。

渤海山东海域海洋保护区发现本科常见鸟类 2 属 4 种。

黄腰柳莺 *Phylloscopus proregulus*

中文种名： 黄腰柳莺

拉丁文名： *Phylloscopus proregulus*

分类地位： 脊索动物门 / 鸟纲 / 雀形目 / 莺科 / 柳莺属

识别特征： 小型鸟类，体长 8 ~ 11 厘米。虹膜暗褐色，嘴黑褐色，下嘴基部暗黄色。上体橄榄绿色，头顶中央有一淡黄绿色纵纹，眉纹黄绿色。腰黄色，两翅和尾黑褐色，外翈羽缘黄绿色，翅上有两道黄白色翼斑。下体白色。脚淡褐色。

分　　布： 国外分布于俄罗斯西伯利亚中部和南部，部分到中南半岛越冬。国内分布于新疆、陕西、甘肃、黑龙江、吉林等地，迁徙或越冬在辽宁、山东、贵州、四川、广东、海南和香港等地。

照片来源： 烟台

该鸟被列入《国家保护的有益的或者有重要经济、科学研究价值的陆生野生动物名录》。

黄眉柳莺 *Phylloscopus inornatus*

中文种名： 黄眉柳莺

拉丁文名： *Phylloscopus inornatus*

分类地位： 脊索动物门 / 鸟纲 / 雀形目 / 莺科 / 柳莺属

识别特征： 小型鸟类，体长 9 ～ 11 厘米。虹膜暗褐色；嘴角黑色，下嘴基部淡黄。上体橄榄绿色，眉纹淡黄绿色，翅上有两道明显的黄白色翅斑。下体白色，胸、两胁和尾下覆羽黄绿色。跗蹠淡棕褐色。

分　　布： 国外繁殖或越冬于俄罗斯、朝鲜、蒙古、印度、不丹、缅甸、泰国、中南半岛、马来半岛等。国内分布于全国大部分地区。

照片来源： 烟台

该鸟被列入《国家保护的有益的或者有重要经济、科学研究价值的陆生野生动物名录》。

钝翅苇莺（钝翅稻田苇莺）*Acrocephalus concinens*

中文种名： 钝翅苇莺（钝翅稻田苇莺）

拉丁文名： *Acrocephalus concinens*

分类地位： 脊索动物门 / 鸟纲 / 雀形目 / 莺科 / 苇莺属

识别特征： 小型鸟类，体长 12 ~ 14 厘米。虹膜橄榄褐色或榛色，上嘴黑褐色，下嘴淡黄色或粉黄色。上体橄榄棕褐色，腰和尾上覆羽较淡。两翅和尾黑褐色，外翈羽缘淡棕褐色。眉纹皮黄色具不甚明显的黑褐色贯眼纹，耳羽、颈侧棕褐色。颏、喉和上胸白色，下胸和腹亦为白色而缀有皮黄色，两胁和尾下覆羽棕黄色，两胁稍暗。脚淡褐色或棕黄色。

分　　布： 国外繁殖分布于阿富汗、巴基斯坦、克什米尔和印度西北部等地，越冬在东南亚等地。国内分布于河北、山东、陕西、四川、贵州、广西、山东、江苏、云南和长江以南地区。

照片来源： 烟台

东方大苇莺 *Acrocephalus orientalis*

中文种名： 东方大苇莺

拉丁文名： *Acrocephalus orientalis*

分类地位： 脊索动物门 / 鸟纲 / 雀形目 / 莺科 / 苇莺属

识别特征： 小型鸟类，体长 16 ～ 19 厘米。虹膜褐色或暗褐色，嘴黑褐色，下嘴基部肉红色或黄褐色。上体棕橄榄褐色，头顶和后颈暗橄榄褐色，腰和尾上覆羽转为棕褐色，眉纹淡黄色或皮黄色、具不明显的黑褐色或深褐色贯眼纹。两翼覆羽与背同色，飞羽暗褐色。下体污白色或皮黄白色，胸部微具灰褐色细的纵纹。两胁黄白色或沾淡橄榄褐色。脚铅褐色或铅蓝色。

分　　布： 国外分布于西伯利亚东南部、蒙古、朝鲜和日本，越冬在印度、缅甸、巴基斯坦、菲律宾、马来西亚、印度尼西亚和中南半岛。国内广泛分布于我国东部、中部和北部地区。

照片来源： 东营

绣眼鸟科 Zosteropidae

绣眼鸟科体型纤小，体羽几为纯绿色，眼周有一白色绒状短羽形成的眼圈，故名绣眼鸟。嘴细小，微向下曲，嘴缘平滑无齿，嘴须短而不显。鼻孔为薄膜所掩盖，舌能伸缩，先端具角质硬性纤维两簇，适于伸入花中取食昆虫。翅较长圆，初级飞羽10枚，其中第一枚甚短小，尾多呈平尾状。跗蹠前缘具少数盾状鳞，具4趾，中趾和外趾基部相互并着。雌雄羽色相似。繁殖期多在4—7月，每窝产卵通常2～4枚不等。

主要栖息于林缘、地边、河谷次生林与灌丛中，营巢于树枝杈上。食物为昆虫、果实和种子。

全世界有11属85种，主要分布于亚洲、非洲和大洋洲。我国有1属3种，主要分布于东北、华北、华东、华中和华南等地。

渤海山东海域海洋保护区发现本科常见鸟类1属1种。

暗绿绣眼鸟 *Zosterops japonicus*

中文种名： 暗绿绣眼鸟

拉丁文名： *Zosterops japonicus*

分类地位： 脊索动物门 / 鸟纲 / 雀形目 / 绣眼鸟科 / 绣眼鸟属

识别特征： 小型鸟类，体长 9 ～ 11 厘米。虹膜红褐或橙褐色，嘴黑色，下嘴基部稍淡。从额基至尾上覆羽概为草绿或暗黄绿色，前额沾有较多黄色且更为鲜亮，眼周有一圈白色绒状短羽，眼先和眼圈下方有一细的黑色纹，耳羽、脸颊黄绿色。脚暗铅色或灰黑色。

分　　布： 国外分布于朝鲜、日本、缅甸、越南和中南半岛。国内分布于黄河中下游、长江流域及其以南的华南和西南各地。

照片来源： 烟台

该鸟被列入《国家保护的有益的或者有重要经济、科学研究价值的陆生野生动物名录》和《山东省重点保护野生动物名录》。

攀雀科 Remizidae

本科鸟类体型大多纤小，嘴呈尖锥状，无嘴须，鼻孔裸露或为短的硬须掩盖，初级飞羽10枚，第一初级飞羽退化，甚短小，通常仅及初级覆羽长度，不及第二枚的一半长。尾呈方尾或稍凹。繁殖期多在5—7月，每窝产卵4～5枚。

主要栖息于有树木的开阔地区。树栖性，善攀援，常倒悬于树枝头。巢呈囊状，悬吊于树枝末梢或营巢于树洞中。主要以昆虫为食。

全世界有4属10种，主要分布于欧亚大陆、非洲和北美洲。我国有2属3种，主要分布于东北、华北、西北和西南等地。

渤海山东海域海洋保护区发现本科常见鸟类1属1种。

中华攀雀 *Remiz consobrinus*

中文种名：中华攀雀

拉丁文名：*Remiz consobrinus*

分类地位：脊索动物门 / 鸟纲 / 雀形目 / 攀雀科 / 攀雀属

识别特征：小型鸟类，体长 10 ～ 11 厘米。虹膜暗褐色，上嘴黑褐色或灰黑色，下嘴灰色或灰黑色。顶冠灰色，额基、颊、耳黑色，颊下、眉纹白色。后颈栗色、上背棕褐色，腰、尾基沙褐色，下体皮黄色。尾暗褐色、羽缘皮黄色，凹形。脚蓝灰色。雌鸟及幼鸟头顶暗灰白色，羽干褐色，额、颊、耳棕栗色。

分　　布：国外分布于朝鲜（冬候鸟）和日本（偶见）。国内主要分布于东北地区，迁徙期间也见于河北、天津、河南和山东，越冬在自湖北至江苏和上海一带的长江流域。

照片来源：烟台、潍坊

该鸟被列入《国家保护的有益的或者有重要经济、科学研究价值的陆生野生动物名录》。

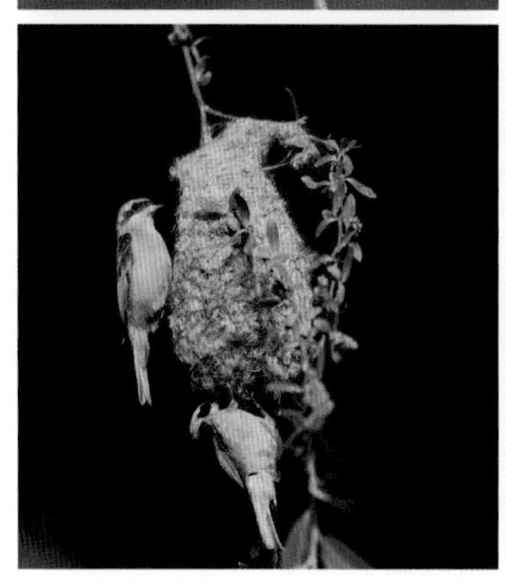

山雀科 Paridae

本科鸟类体型较小，嘴短而强，略呈圆锥状，无嘴须或嘴须不发达，鼻孔多为鼻羽所覆盖；翅短圆，初级飞羽10枚，第一枚短小，通常仅为第二枚的一半。尾为方尾或稍圆，尾羽12枚，跗蹠前缘具盾状鳞。雌雄羽色相似。繁殖期多在4—6月，每窝产卵通常4～6枚，多者达8～10枚。

山雀科鸟类主要栖息于森林和林缘灌丛。性活泼，常在树枝上跳跃或攀悬于枝头，亦到地上活动和觅食。食物以昆虫为主。营巢于树洞或岩石缝隙中，也有在树枝间营巢的。雏鸟晚成性，留鸟多有垂直迁徙现象。飞翔力弱。

全世界有3属50种，除南美洲，大洋洲和极地外，几乎遍及全球。我国有3属18种，遍布于全国各地。

渤海山东海域海洋保护区发现本科常见鸟类1属3种。

大山雀 *Parus major*

中文种名：大山雀

拉丁文名：*Parus major*

分类地位：脊索动物门 / 鸟纲 / 雀形目 / 山雀科 / 山雀属

识别特征：小型鸟类，体长 13 ～ 15 厘米。虹膜褐色或暗褐色，嘴黑褐色或黑色。头黑色具大形白斑，喉灰黑色。枕、颈背具白色块斑，上体灰蓝沾绿色，翼具一道醒目白色条纹，下体黄白色，中央具贯纵带黑斑。脚褐色。

分　　布：国外分布于非洲西北部、欧洲、中亚、西伯利亚、远东和东亚、东南亚等地。国内分布于全国大部分地区。

照片来源：烟台

该鸟被列入《国家保护的有益的或者有重要经济、科学研究价值的陆生野生动物名录》。

煤山雀 *Parus ater*

中文种名： 煤山雀

拉丁文名： *Parus ater*

分类地位： 脊索动物门 / 鸟纲 / 雀形目 / 山雀科 / 山雀属

识别特征： 小型鸟类，体长 9 ~ 11 厘米。虹膜暗褐色，嘴黑色。头黑色具短的黑色羽冠，后颈中央白色，两颊亦各有一大块白斑，在黑色的头部极为醒目，上体蓝灰色，翅上有两道白色翅带。下体白色特别明显。脚铅黑色。

分　　布： 国外分布于欧洲、非洲、亚洲大部分地区。国内分布于全国大部分地区。

照片来源： 烟台

该鸟被列入《国家保护的有益的或者有重要经济、科学研究价值的陆生野生动物名录》。

黄腹山雀 *Parus venustulus*

中文种名： 黄腹山雀

拉丁文名： *Parus venustulus*

分类地位： 脊索动物门 / 鸟纲 / 雀形目 / 山雀科 / 山雀属

识别特征： 小型鸟类，体长 9 ~ 11 厘米。虹膜褐色或暗褐色，嘴蓝黑色或灰蓝黑色。头、喉胸斑黑色，颊斑、颈后斑白色。上体蓝灰色，腰银白色，翼具两排白色点斑，下胸、腹鲜黄色。尾黑色，最外侧尾羽基部、其余尾羽中部外和羽端白色。雌鸟头部浓灰色，白喉与颊斑之间有灰色下颊纹，眉具浅点。幼鸟似雌鸟但色暗，上体多橄榄色。脚蓝灰色。

分　　布： 中国特产鸟类，分布于我国大部分地区。

照片来源： 烟台

该鸟被列入《国家保护的有益的或者有重要经济、科学研究价值的陆生野生动物名录》。

雀科 Passeridae

本科多为小型鸟类，嘴粗厚，略呈圆锥状，嘴缘平滑而无缺刻，嘴闭合严实，下喙底缘角质腭两侧纵棱后段左右合并，形成“U”或“V”形。鼻孔裸出，其位置紧接前额。初级飞羽9或10枚，若为10枚时，第一枚初级飞羽短小，通常不及第二枚之半，或仅较大覆羽为长。尾为方形或楔形。脚强壮，跗蹠具盾状鳞。繁殖期多在4—8月，每窝产卵通常5～7枚不等。雏鸟晚成性。

主要栖息于开阔的次生林、灌丛和农田与人类居住区，多结群生活，食物主要为谷粒、草籽和植物种子，繁殖期也见吃昆虫。

全世界有22属161种，几乎遍布于世界各地。我国有7属21种，全国各地皆有分布。

渤海山东海域海洋保护区发现本科常见鸟类1属1种。

树麻雀 *Passer montanus*

中文种名： 树麻雀

拉丁文名： *Passer montanus*

分类地位： 脊索动物门 / 鸟纲 / 雀形目 / 雀科 / 麻雀属

识别特征： 小型鸟类，体长 13 ~ 15 厘米。虹膜暗红褐色。嘴一般为黑色，但冬季有的呈角褐，下嘴呈黄色。额、头顶至后颈栗褐色，头侧白色，耳部有一黑斑，在白色的头侧极为醒目。背沙褐或棕褐色具黑色纵纹。颏、喉黑色，其余下体污灰白色微沾褐色。脚和趾等均污黄褐色。

分　　布： 国外欧亚洲大陆均有分布。国内全国各地均有分布。

照片来源： 烟台

该鸟被列入《国家保护的有益的或者有重要经济、科学研究价值的陆生野生动物名录》。

燕雀科 Fringillidae

本科多为小型鸟类，嘴粗厚而短，末端尖、近似圆锥形，嘴缘平滑，角质腭两侧纵棱几相平行，在后端左右不相并连。鼻孔常被羽毛或被皮膜所遮盖。初级飞羽10枚，第一枚初级飞羽多退化或缺失，因而仅见9枚。尾羽12枚，跗蹠前面被盾状鳞，后面为单一的纵形长鳞片。两性常异色。繁殖期多在5—7月，每窝产卵通常4～7枚不等。雏鸟晚成性。

主要栖息于森林、草原、灌丛、草甸、农田和居民点附近等各类生境中。以谷粒、草籽、种子、果实、花、叶、芽等植物性食物为食，繁殖期间也吃各种昆虫。营巢于树上、地上或灌丛中。巢多呈杯状。

全世界有19属123种，除澳洲以外，几乎遍布于世界各地。我国有14属57种，分布于全国各地。

渤海山东海域海洋保护区发现本科常见鸟类4属5种。

黄雀 *Carduelis spinus*

中文种名： 黄雀
拉丁文名： *Carduelis spinus*
分类地位： 脊索动物门 / 鸟纲 / 雀形目 / 燕雀科 / 金翅雀属
识别特征： 小型鸟类，体长 11 ～ 12 厘米。虹膜近黑。嘴短而褐色。头侧黄色，顶冠、喉黑色。背暗绿色，腰及尾基亮黄色，翼具醒目黑色、黄色条斑，下体前金黄色而后灰白色，具黑褐色斑。雌鸟色暗而多纵纹，顶冠、颏无黑色。幼鸟褐色较重，翼斑多橘黄色。脚近黑色。
分　　布： 国外分布于南欧至埃及、东至日本、朝鲜半岛。国内分布于东北、内蒙古、河北、河南、山东、江苏、浙江、福建、广东、四川、贵州、台湾等地。
照片来源： 烟台

该鸟被列入《国家保护的有益的或者有重要经济、科学研究价值的陆生野生动物名录》和《山东省重点保护野生动物名录》。

金翅雀 *Carduelis sinica*

中文种名： 金翅雀

拉丁文名： *Carduelis sinica*

分类地位： 脊索动物门 / 鸟纲 / 雀形目 / 燕雀科 / 金翅雀属

识别特征： 小型鸟类，体长 12 ~ 14 厘米。虹膜栗褐色，嘴黄褐色或肉黄色。顶冠、后颈灰色。背橄榄褐色，腰黄色，翅具醒目宽阔金黄色翼斑，下体暗黄色。尾黑色、叉形，外侧尾羽基、臀部黄色。脚粉褐色。雌鸟色暗，幼鸟色淡且多纵纹。

分　　布： 国外分布于俄罗斯萨哈林岛、勘察加半岛、日本和朝鲜等地。国内分布于东北、内蒙古、河北、山东、河南、山西、甘肃、宁夏、青海、四川，一直往南到广东、香港、福建和台湾。

照片来源： 烟台

该鸟被列入《国家保护的有益的或者有重要经济、科学研究价值的陆生野生动物名录》。

黑尾蜡嘴雀 *Eophona migratoria*

中文种名： 黑尾蜡嘴雀

拉丁文名： *Eophona migratoria*

分类地位： 脊索动物门 / 鸟纲 / 雀形目 / 燕雀科 / 蜡嘴雀属

识别特征： 中型鸟类，体长 17 ~ 21 厘米。虹膜淡红褐色，嘴粗大黄色、端黑色。头灰黑色，背、肩灰褐色，腰和尾上覆羽浅灰色，两翅和尾黑色。颏和上喉黑色，其余下体灰褐色或沾黄色，腹和尾下覆羽白色。雌鸟头灰褐色，背灰黄褐色，腰和尾上覆羽近银灰色，尾羽灰褐色、端部多为黑褐色。头侧、喉银灰色，其余下体淡灰褐色，腹和两胁沾橙黄色，其余同雄鸟。

分　　布： 国外分布于俄罗斯西伯利亚东南部和远东南部、朝鲜、日本等地。国内分布于全国大部分地区。

照片来源： 烟台、潍坊

该鸟被列入《国家保护的有益的或者有重要经济、科学研究价值的陆生野生动物名录》。

燕雀 *Fringilla montifringilla*

中文种名： 燕雀

拉丁文名： *Fringilla montifringilla*

分类地位： 脊索动物门 / 鸟纲 / 雀形目 / 燕雀科 / 燕雀属

识别特征： 小型鸟类，体长 14 ～ 17 厘米。虹膜褐色或暗褐色，嘴粗壮而尖、圆锥状，嘴基角黄色，嘴尖黑色。雄鸟从头至背灰黑色，背具黄褐色羽缘。腰白色，颏、喉、胸橙黄色，腹至尾下覆羽白色，两胁淡棕色而具黑色斑点。两翅和尾黑色，翅上具白斑。雌鸟体色较浅淡，上体褐色而具有黑色斑点，头顶和枕具窄的黑色羽缘，头侧和颈侧灰色，腰白色。脚暗褐色。

分　　布： 国外繁殖于欧洲北部，往东一直到太平洋西岸，越冬在欧洲南部、地中海、北非以及中东和东亚。国内除青藏高原和海南岛外均有分布。

照片来源： 烟台

该鸟被列入《国家保护的有益的或者有重要经济、科学研究价值的陆生野生动物名录》。

鹀科 Emberizidae

本科鸟类体型与麻雀相似，均属小型鸟类。羽色变化较大，上体多有纵纹，外侧尾羽大多白色，尾羽12枚。翅较尖长，初级飞羽10枚，有的第一枚初级飞羽退化或缺失。嘴呈圆锥状，切缘微向内曲，当嘴闭合时，上下嘴切缘彼此不紧贴着，中间有缝隙，上嘴切缘上凹，形成锐角。爪弯曲，后爪短于后趾。繁殖期多为5—7月，每窝产卵通常3～6枚不等。

主要栖息于森林、灌丛、草地、沼泽、山地和平原等各类生境，营巢于灌丛或草丛中，以草籽或谷物为食，繁殖期间则多以昆虫为食。

本科全世界有73属554种，除澳洲及太平洋中一些小岛外，广泛分布于世界各地。我国有6属30种，全国各地皆有分布。

渤海山东海域海洋保护区发现本科常见鸟类1属3种。

白眉鹀 *Emberiza tristrami*

中文种名： 白眉鹀

拉丁文名： *Emberiza tristrami*

分类地位： 脊索动物门 / 鸟纲 / 雀形目 / 鹀科 / 鹀属

识别特征： 小型鸟类，体长 13 ~ 15 厘米。虹膜褐色或暗褐色，嘴褐色或脚褐色，下嘴基部肉色或肉黄色。头黑色，中央冠纹、眉纹和一条宽阔的颚纹概为白色，在黑色的头部极为醒目。背、肩栗褐色具黑色纵纹，腰和尾上覆羽栗色或栗红色。颏、喉黑色，下喉白色，胸栗色，其余下体白色，两胁具栗色纵纹。雌鸟头为褐色，颏、喉白色，颚纹黑色。脚肉色。

分　　布： 国外主要分布于俄罗斯和朝鲜。国内分布于内蒙古、黑龙江、吉林、辽宁、河北、北京、山东，一直往南到福建、广东、广西和香港等全国各地。

照片来源： 烟台

该鸟被列入《国家保护的有益的或者有重要经济、科学研究价值的陆生野生动物名录》。

黄喉鹀 *Emberiza elegans*

中文种名： 黄喉鹀

拉丁文名： *Emberiza elegans*

分类地位： 脊索动物门 / 鸟纲 / 雀形目 / 鹀科 / 鹀属

识别特征： 小型鸟类，体长 14 ~ 15 厘米。虹膜褐色或暗褐色，嘴黑褐色。黑色羽冠短而竖直，其余头顶和头侧亦为黑色，眉纹自额至枕侧长而宽阔，前段为黄白色、后段为鲜黄色。背栗红色或暗栗色、具黑色羽干纹，两翅和尾黑褐色。颏黑色，上喉黄色，下喉白色，胸有一半月形黑斑，其余下体白色或灰白色，两胁具栗色纵纹。雌鸟羽色较淡，头部黑色转为褐色，前胸黑色半月形斑不明显或消失。脚肉色。

分　　布： 国外分布在东亚一带，见于俄罗斯远东地区、朝鲜半岛、日本列岛、琉球群岛等地。国内见于北起东北、南至广东东部沿海的广大地区。

照片来源： 烟台、东营

该鸟被列入《国家保护的有益的或者有重要经济、科学研究价值的陆生野生动物名录》。

小鹀 *Emberiza pusilla*

中文种名： 小鹀

拉丁文名： *Emberiza pusilla*

分类地位： 脊索动物门 / 鸟纲 / 雀形目 / 鹀科 / 鹀属

识别特征： 小型鸣禽，全长约 13 厘米。虹膜深红褐，喙为圆锥形，与雀科的鸟类相比较为细弱，上下喙边缘不紧密切合而微向内弯，因而切合线中略有缝隙；体羽似麻雀，外侧尾羽有较多的白色。雄鸟夏羽头部赤栗色。头侧线和耳羽后缘黑色，上体余部大致沙褐色，背部具暗褐色纵纹。下体偏白，胸及两胁具黑色纵纹。雌鸟及雄鸟冬羽羽色较淡，无黑色头侧线。嘴灰色；脚红褐。

分　　布： 分布于欧洲北部、俄罗斯、日本、朝鲜半岛、缅甸、印度和中国等地。

照片来源： 东营

该鸟被列入《国家保护的有益的或者有重要经济、科学研究价值的陆生野生动物名录》。

索　引